Wiedereinstieg in den Beruf

Jutta Schwarz

1. Auflage

HAUFE.

Inhalt

Vorwort

Die Gründe, warum sich Menschen eine Auszeit von ihrem Job nehmen, sind vielfältig. Oft tun sie das aus freien Stücken, so z. B., wenn Nachwuchs kommt, oder im Rahmen eines Sabbaticals. Häufig ist die Auszeit eher eine Zwangspause, so z. B., wenn sie selbst oder ein Angehöriger erkranken oder wenn sie ihre Arbeit verlieren. So verschieden die Ursachen für eine Pause sind, so ähnlich sind die Gefühle, wenn es um den Wiedereinstieg in den Beruf geht. Die Vorfreude auf die neue Herausforderung ist begleitet von Unsicherheit und Zweifeln: Ist der aktuelle Beruf noch der richtige? Bin ich noch auf dem neuesten Stand? Wie organisiere ich mich? Wie gehe ich mit der Lücke im Lebenslauf um? Drohen Schwierigkeiten vom alten Arbeitgeber? Gibt es Hilfe vom Staat?

Dieser TaschenGuide unterstützt Sie dabei, Zweifel aus dem Weg zu räumen. Er zeigt, welche Wege und Strategien es gibt, ins Berufsleben zurückzukehren. Sie erfahren, wie Sie sich nach einer Auszeit erfolgreich bewerben und was Sie alles tun können, um Ihre Chancen auf dem Arbeitsmarkt zu erhöhen.

Viel Erfolg bei Ihrem Wiedereinstieg wünscht Ihnen

Jutta Schwarz

Allein aus Gründen der besseren Lesbarkeit wird in diesem TaschenGuide hauptsächlich die männliche Ansprache verwendet.

Die Vorbereitungsphase

Der Wiedereinstieg in den Job ist eine aufregende Angelegenheit. Damit daraus keine Bauchlandung wird, sondern ein Sprungbrett in eine erfolgreiche berufliche Zukunft, sollten Sie ihn so gut wie möglich vorbereiten.

In diesem Kapitel erfahren Sie u. a., wie Sie

- herausfinden, ob Sie bereit sind für den Neuanfang,
- sich selbst stark machen für den Wiedereinstieg,
- Ihr Familienleben optimal organisieren.

Sind Sie bereit für einen Wiedereinstieg?

Gründe, warum Menschen eine Auszeit vom Job nehmen, gibt es viele. Einige von ihnen basieren auf der eigenen Entscheidung, so z. B. bei der Elternzeit oder einem Sabbatical. Andere wiederum sind äußeren Umständen geschuldet, so z. B. wenn wir den Job verlieren, weil der Arbeitgeber insolvent ist, oder weil wir schwer krank werden. So vielfältig die Ursachen für einen Ausstieg sind, eines ist ihnen allen gemein: Die Zäsur, die die Aufgabe eines Jobs mit sich bringt, ist immer eine große Veränderung im Leben eines Menschen. Das gleiche gilt, wenn es danach um einen Neustart geht. Auch dieser bedeutet meist größere Umwälzungen.

BEISPIEL

Anna Meier hat zwei Kinder, drei und fünf Jahre alt. Seit der Geburt ihrer ältesten Tochter hat sie nicht mehr in ihrem Job als Grafikdesignerin gearbeitet. Nun, nachdem beide Kinder im Kindergarten sind, will sie wieder ins Berufsleben einsteigen und ihr eigenes Geld verdienen. Ihr Mann unterstützt sie bei diesen Überlegungen. Anna zögert jedoch noch: Bekommt sie Kinder und Arbeit unter einen Hut? Hat sie eine Chance, irgendwo in Teilzeit zu arbeiten?

Arne Schäfer hat sich nach einem drohenden Burn-out ein Jahr Auszeit von seinem stressigen Job als Sales Manager genommen. Das Sabbatical geht nun langsam zu Ende und Arne kommt immer mehr ins Grübeln, ob er seinen alten Beruf überhaupt noch ausüben will. Soll er zurückkehren ins Unternehmen, wo man ihm netterweise seinen Job freigehalten hat, oder sich doch lieber ganz anders orientieren?

Wie bei jeder anderen großen Veränderung geht ein geplanter Neustart ins Berufsleben einher mit positiven, aber auch negativen Gefühlen. Auf der einen Seite fragen wir uns verunsichert, ob wir noch gut oder belastbar genug sind für den Arbeitsalltag. Wir spüren Aufregung und Nervosität, haben vielleicht sogar Schuldgefühle gegenüber unseren Kindern oder den zu pflegenden Angehörigen, die wir in die Obhut von Fremden geben. Auf der anderen Seite stehen Vorfreude und Erleichterung, endlich wieder selbst Geld zu verdienen oder »rauszukommen« aus den eigenen vier Wänden. All diese Emotionen arbeiten in uns und beeinflussen unsere Entscheidung.

Neben diesen emotionalen Faktoren, die in uns wirken, gibt es zahlreiche äußere Aspekte, die bei der Frage, ob und wie wir den beruflichen Neuanfang wagen, eine Rolle spielen können.

Beispiele für äußere Faktoren

- Arbeitsmarktsituation: Welche Jobs stehen zur Verfügung? Rückkehr in den alten Job möglich?
- Eigene finanzielle Situation / Erfordernisse
- Familiäre Situation: Ist die Kinderbetreuung / Betreuung für pflegebedürftige Eltern gesichert?
- Gesundheit und Belastbarkeit
- Unterstützung durch Partner, Arbeitsteilung zu Hause
- Widerstand in der Familie bzw. im Bekanntenkreis

Sie sehen daran: Meist handelt es sich um eine komplexe Entscheidung, da viele Faktoren miteinander abzuwägen und zu handhaben sind. Einige Aspekte sind variabel und lassen sich ändern, andere stehen fest und sind außerhalb Ihrer Einflussmöglichkeit.

> Auch wenn Menschen dazu neigen, ihre Situation als sehr begrenzt wahrzunehmen: Die Erfahrung zeigt, dass wir oft viel mehr Möglichkeiten haben, als wir denken.

Eine ehrliche Analyse Ihrer aktuellen Situation ist der erste Schritt, um eine tragfähige Entscheidung zu einem Wiedereinstieg in den Job treffen zu können. Sie sollten sich zunächst darüber klarwerden, ob Sie selbst dazu bereit sind, neu zu beginnen. Sind Sie sich sicher, dass die Signale hier auf grün stehen, geht es um die äußeren Faktoren. Auch diese gilt es zu berücksichtigen, damit Ihr Neuanfang ein Erfolg wird. Die folgenden Checklisten helfen Ihnen dabei, über all das nachzudenken.

Reflexion: Innere Faktoren

- Fühlen Sie sich körperlich fit, beruflich durchzustarten?
- Langweilen Sie sich (manchmal) in Ihrer momentanen Situation und sehnen Sie sich nach neuen Aufgaben?
- Verbinden Sie mit dem Wiedereinstieg in den Beruf positive Gefühle wie Vorfreude und Lust?
- Trauen Sie es Ihrem Umfeld zu, mit der neuen Situation umzugehen?
- Wenn Sie sich um Kinder bzw. pflegebedürftige Angehörige kümmern: Können Sie sich entspannen, wenn andere Menschen auf Ihren Nachwuchs aufpassen oder Ihren Angehörigen betreuen?
- Sind Sie bereit, Ihren Partner bzw. andere Familienmitglieder oder Freunde stärker miteinzubinden und zu verpflichten, um den Alltag zu bewältigen?
- Ist es für Sie klar, welche Tätigkeit Sie künftig ausüben wollen? Trauen Sie sich diese Tätigkeit zu? Wollen Sie zu Ihrem alten Arbeitgeber zurückkehren?

Reflexion: Äußere Faktoren

- Unterstützt Ihr Umfeld Sie bei Ihren Plänen?
- Würde sich Ihre finanzielle Situation deutlich verbessern, wenn Sie wieder arbeiteten?
- Wenn Sie sich um Kinder bzw. pflegebedürftige Angehörige kümmern: Haben Sie eine zuverlässige Betreuungsmöglichkeit, der Sie das notwendige Vertrauen schenken?
- Können Sie zu Ihrem alten Arbeitgeber zurückkehren?
- Wie stehen die Chancen für Ihren Wiedereinstieg im alten Beruf auf dem Arbeitsmarkt? Ist eine Neuorientierung erforderlich?

Können Sie die auf Sie zutreffenden Fragen mit Ja beantworten, sind die Weichen für einen erfolgreichen Wiedereinstieg gestellt. Falls Sie bei einigen Punkten noch unsicher sind, sollten Sie sich auf deren Lösung konzentrieren. Wie mögliche Lösungsstrategien aussehen können, lesen Sie in den folgenden Kapiteln.

> Natürlich gibt es – je nach Situation – unzählige weitere Faktoren, die bei der Entscheidung eine Rolle spielen können. Finden Sie sie gemeinsam mit Ihrer Familie oder mit Freunden heraus.

Wie Sie sich innerlich wappnen

Insbesondere nach einer langen Pause ist der Wiedereinstieg ins Berufsleben eine große Herausforderung. Je länger es her ist, dass man in der Job-Welt mitmischte, desto schwerer und verunsichernder ist der Schritt zurück. Jede größere Veränderung ist immer auch begleitet von Angstgefühlen. Schaffen wir es, die Herausforderung zu meistern? Wird es uns gelingen, uns in den Kollegenkreis zu integrieren? Kommen wir mit dem Chef klar? Können wir uns alles Neue schnell aneignen? Zweifelnde Gedanken wie diese gehören in der Phase des Übergangs dazu. Den besten Umgang damit finden Sie, wenn Sie akzeptieren, dass es nicht leicht werden wird. Wie Sie sich zusätzlich innerlich stärken können, erfahren Sie in den folgenden Abschnitten.

Das Leben ist kein Wettbewerb

Ihrer Nachbarin gelingt scheinbar alles mühelos: Sie hat eine steile Karriere hingelegt, die Wohnung ist tipptopp aufgeräumt und sie ist auch noch sportlich und immer bestens gelaunt? Wir Menschen neigen dazu, uns permanent mit anderen zu vergleichen. Dies führt dazu, dass wir uns selbst oftmals zu kritisch wahrnehmen und uns unzulänglich fühlen. Das wiederum nagt an unserem Selbstbewusstsein, das wir so dringend für die neue Herausforderung brauchen. Machen Sie sich klar, dass Vergleiche nicht zielführend sind. Das Leben des einen Menschen ist mit dem des anderen so vergleichbar, wie es Äpfel mit Birnen sind: gar nicht. Stoppen Sie die schädlichen Denkmuster ganz bewusst. Das funktioniert mit der folgenden Mentaltechnik.

Die Scherenübung

Stellen Sie sich immer dann, wenn Sie sich mit anderen vergleichen, eine große, glänzende Schere vor. Schneiden Sie den Vergleich zwischen sich und Ihrer Vergleichsperson ganz bewusst durch, als ob Sie eine Schnur kappten.

Die Scherenübung

Beispiel: Ihre Freundin hat keine Kinder, ist Single und geht jeden Abend in ein neues hippes Lokal? Sie dagegen sitzen zu Hause vor einem Riesenberg Bügelwäsche, bevor Sie hundemüde vom durchgetakteten Alltag ins Bett fallen? Holen Sie die Schere heraus: Schnipp – schnapp! Trennen Sie Ihre Situation von der Ihrer Freundin.

Gönnen Sie ganz bewusst anderen ihre Erfolge und Vorteile, ohne sie ihnen zu neiden – das befreit! Bleiben Sie »bei sich«. Freuen Sie sich über die schönen Dinge in Ihrem Leben und wertschätzen Sie diese ganz bewusst.

Hören Sie auf zu grübeln – handeln Sie

Andere messen uns letztlich an unseren Taten, nicht an unseren Worten. Und auch wir selbst funktionieren nach diesem Prinzip: Es gibt eine enge Beziehung zwischen unserem Selbstwertgefühl und unseren Handlungen. Je mehr wir die Dinge aktiv angehen, desto mehr wächst unser Selbstwertgefühl. Versuchen Sie daher, in Bewegung zu kommen, zu handeln. Machen Sie kleine, überschaubare Schritte aus Ihrer Komfortzone heraus in Richtung Ihrer Ziele.

Entkräften Sie negative Überzeugungen

Viele Menschen plagen sich mit ihrem inneren Kritiker herum. Der innere Kritiker resultiert aus Überzeugungen, die wir in unserer Kindheit gefasst haben, weil sie uns unser Umfeld vermittelt hat. Als Erwachsene reflektieren wir sie nicht, weil sie schon immer da waren, auch wenn sie falsch oder mittlerweile völlig überholt sind. Der innere Kritiker bombardiert uns mit diesen Überzeugungen: »Du bist total unfähig«, »Du kannst das nicht«, oder: »Wer will dich schon einstellen!«

Wer sich mit diesem Kritiker auseinandersetzt, kann solche negativen und in ihrer Pauschalität meist falschen Überzeugungen entkräften. Dazu gilt es zunächst, die inneren Überzeugungen zu identifizieren. Was sagt Ihr innerer Kritiker zu Ihnen, wenn Sie Neues vorhaben? Welche Ängste schürt er?

Bilden Sie positive Antithesen dazu: »Ich akzeptiere mich, wie ich bin. Ich habe viel erreicht und geleistet in meinem Leben«, oder: »Ich darf auf meinem Weg Fehler machen und daraus lernen«, oder: »Ich bin mutig!« Wirkung werden diese Sätze zeigen, wenn Sie sie dauerhaft in Ihr Leben integrieren. Manche Menschen schreiben sie jeden Morgen in ein Tagebuch, andere kleben sie sich an den Spiegel im Badezimmer. Egal, welche Methode Sie bevorzugen: Sie werden überrascht sein von der positiven Wirkung, die das hat. Irgendwann werden Sie feststellen, dass die negative Überzeugung durch eine positive Haltung ersetzt wurde.

Führen Sie ein Erfolgstagebuch

Für unser Selbstwertgefühl ist es ungeheuer wichtig, die Erfolge unseres Lebens wahrzunehmen, sie wertzuschätzen und zu internalisieren, also zu verinnerlichen. Eine Technik, mit der das gelingen kann, ist das Führen eines Erfolgstagebuchs. Kaufen Sie sich ein schönes Notizbuch und schreiben Sie dort jeden Abend das Positive in Ihrem Leben auf:

- alles das, was Ihnen an diesem Tag gelungen ist,
- die schönen Momente, die Sie heute erlebt haben,
- alles Gute, was Sie sich und anderen getan haben.

Auch schwierige Momente können Erfolge sein, wenn wir uns z.B. endlich getraut haben, einen Konflikt mit einer Freundin zu klären.

Am besten fangen Sie jetzt sofort mit Ihrem Tagebuch an! Notieren Sie in den folgenden Zeilen drei Dinge, die Ihnen heute gelungen sind: 1. ... / 2. .... / 3. ....

Wenn wir neue Vorhaben sofort starten, erhöhen wir die Wahrscheinlichkeit, dass wir sie wirklich umsetzen werden. Kaufen Sie sich gleich morgen das Buch, in dem Sie die Einträge weiterführen. Sie werden sehen: Seine Seiten werden sich rasch mit Ihren Erfolgen füllen. Das wird Ihren Blick auf sich selbst nachhaltig verändern.

> In turbulenten Zeiten brauchen wir ein starkes Selbst. Innere Stabilität kann jeder nur für sich alleine entwickeln. Kein anderer kann uns das abnehmen. Entscheidend für ein gutes Selbstwertgefühl ist das Urteil, das wir über uns selbst fällen. Gehen Sie gnädig und gerecht mit sich um.

Nach einer Auszeit für die Familie

Sie haben eine kürzere oder längere Auszeit für Ihre Familie genommen und hatten auch ohne Job alle Hände voll zu tun. Sie haben den Haushalt geführt, den gesamten Alltag organisiert, waren Einkäuferin, Koch, Krankenschwester, Chauffeur, hauptverantwortliche Bezugsperson, Nachhilfelehrer, Eventmanagerin für Kindergeburtstage und vieles mehr. Viele Mütter und natürlich auch Väter fragen sich daher ziemlich ratlos vor dem Wiedereinstieg: Wie soll ich neben all dem eigentlich noch Zeit zum Arbeiten finden? Diese Frage ist völlig berechtigt. Alle diese Rollen werden Sie nicht mit einer Berufstätigkeit vereinbaren können. Es gilt daher, die Aufgaben neu zu verteilen und sich Unterstützung zu suchen.

Kinderbetreuung organisieren

Für Eltern sind ihre Kinder das Wichtigste auf der Welt. Und natürlich wollen sie, dass es dem Nachwuchs gutgeht. Das gilt vor allem auch für Zeiten, in denen die Kinder fremdbetreut sind. Nur wenn Sie das Gefühl haben, dass Ihr Kind auch wirklich gut aufgehoben ist, werden Sie in der Lage sein, loszulassen und sich in dieser Zeit auf Ihren Job zu konzentrieren. Die passende Betreuungseinrichtung zeichnet sich vor allem durch zwei Merkmale aus:

- Sie verfügt über liebevolle und engagierte Erzieherinnen, bei denen Ihr Kind sich wohlfühlt.
- Sie deckt zuverlässig Ihren Bedarf an Betreuungszeiten.

Varianten der Kinderbetreuung

- Kitas, Kindergärten, Ganztagsangebote der Schulen, Hort, Mittagsbetreuung
- Tagesmütter: auch für ältere Kinder ab mittags geeignet
- Familienangehörige wie z. B. die Großeltern
- Leihomas und -opas
- Haushälterinnen, Au-Pair
- Betreuungsarrangements mit anderen Familien

Welche Art der Betreuung am besten für Ihr Kind und für Ihre Lebenssituation geeignet ist, lässt sich herausfinden durch Besuche dort und Gespräche mit anderen Eltern. Nutzen Sie Ihr persönliches Netzwerk und fragen Sie nach Modellen und Erfahrungen der anderen – den positiven wie negativen. So können Sie sich einen guten Überblick verschaffen.

Sichern Sie rechtzeitig einen Platz für Ihr Kind in der Einrichtung Ihrer Wahl. Vor allem in Ballungsräumen sind Plätze in guten öffentlichen Kitas oder Kindergärten rar. Zwar hat seit 2013 jedes Kind mit dem vollendeten ersten Lebensjahr einen Anspruch auf einen Betreuungsplatz in einer öffentlichen Einrichtung bzw. auf Betreuung bei einer Tagesmutter. In vielen Kommunen deckt das Angebot an Betreuungsmöglichkeiten jedoch immer noch nicht die Nachfrage.

> Gibt es keinen Kita-Platz in einer öffentlichen Einrichtung in der Nähe, haben Sie Anspruch auf Schadensersatz. Sie können dann bei der Gemeinde die Mehrkosten geltend machen, die anfallen, weil Sie auf eine private Einrichtung ausweichen müssen. Gibt es auch keine private Alternative, können Sie sogar den Verdienstausfall geltend machen, der Ihnen entsteht, weil Sie keine Betreuungsmöglichkeit für Ihr Kind finden.

Vor allem kleine Kinder brauchen ausreichend Zeit, um sich an das fremde Umfeld und die veränderte Situation zu gewöhnen. Sie ersparen Ihrem Kind und sich selbst viel Stress, wenn Sie nicht gleichzeitig mit Ihrem Job und der Eingewöhnung in der Kita starten. Ihr Kind sollte bereits mit der Fremdbetreuung vertraut sein, bevor Sie wiedereinsteigen.

Seien Sie ruhig anspruchsvoll bei der Wahl der Kinderbetreuung. Gleichzeitig ist es jedoch wichtig, nicht zu ängstlich zu sein und die Betreuungspersonen in ihren Eigenarten zu akzeptieren. Gerade durch diese Vielfalt hat Ihr Kind die Chance, soziale Kompetenzen zu erwerben, die es im weiteren Leben dringend braucht.

Keiner ist unentbehrlich

Möglicherweise gehören Sie zu denjenigen, die sich engagieren, die Dinge aktiv mitgestalten wollen, die gerne Aufgaben übernehmen, anderen helfen und sich für sie aufopfern. Das ist wunderbar! Unsere Gesellschaft braucht solche Menschen. Allerdings haben diese auch ein großes Problem: Sie vergessen bei allem Engagement leicht, sich in ausreichender Weise um sich selbst und ihre Bedürfnisse und Belange zu kümmern.

Der Wiedereinstieg in den Beruf ist ein guter Zeitpunkt, den Fokus auch einmal auf sich selbst zu richten, denn anders werden Sie es auf Dauer gar nicht schaffen können. Ein erster Schritt in diese Richtung ist es, alle gesellschaftlichen Verpflichtungen, die Sie haben, auf den Prüfstand zu stellen, so z.B. Ihre »Jobs«

als Elternvertreter im Kindergarten oder in der Schule, im Verein und in der Gemeinde. Überlegen Sie:

- Welche Aufgabe hat sich als wahrer Zeit- und Energiefresser entpuppt?
- Welcher ehrenamtliche Job erfordert so viel Aufwand, dass Sie ihn nicht mehr ohne Nachtschichten leisten könnten, wenn Sie erst wieder im Beruf sind?
- Welches Amt können nun auch einmal andere übernehmen, die mehr Zeit haben als Sie?

Sie haben Ihren Teil beigetragen, jetzt sind andere dran. Kündigen Sie Ihren Ausstieg einige Monate im Voraus an, damit die anderen planen können. Sie werden überrascht sein, wie schnell sich das Vakuum wieder füllt und dass es auch ohne Sie ganz gut funktioniert. Freuen Sie sich darüber – auf diese Weise setzen Sie Kapazitäten frei, die Sie dringend benötigen, um Ihre berufliche Entwicklung ernsthaft voranzutreiben.

Arbeitsteilung einführen und delegieren

Man kann es gar nicht oft genug sagen: Sie müssen es nicht alleine schaffen! Ihr Wiedereinstieg wird den Alltag und das Leben aller Familienmitglieder verändern. Die Veränderung bringt es auch mit sich, die häuslichen Pflichten neu zu organisieren. Wenn Ihr Partner es nicht ohnehin tut, ist jetzt die Zeit gekommen, ihn in die Hausarbeit miteinzuspannen. Auch den Kindern schadet es nicht, Verantwortung für häusliche Aufgaben zu übernehmen. Bereiten Sie Ihre Familie langfristig vor und fangen Sie frühzeitig an, gemeinsam die Pflichten zu verteilen, am besten mittels eines verbindlichen Plans, in dem festgehalten wird, wer wann welche Aufgaben übernimmt. Ein neues System braucht Zeit, um sich einzuspielen und sich als Gewohnheit zu etablieren.

Nicht nur in der Familie lassen sich Aufgaben delegieren. Hervorragend funktioniert das auch mit dem näheren Umfeld. Bilden Sie Fahrgemeinschaften mit anderen Eltern. Fragen Sie die Großeltern, ob sie Lust haben, bestimmte Familienjobs zu erledigen. Vielleicht übernimmt ja die Schwiegermutter gerne die Bügelwäsche oder der eigene Vater die Gartenarbeit?

Nehmen Sie sich und Ihren Wiedereinstieg wichtig

Vermutlich wird es wegen der bevorstehenden Änderungen Konflikte in der Familie geben. Darauf sollten Sie sich einstellen. Lassen Sie sich nicht von diesen Anfangsschwierigkeiten abschrecken und nehmen Sie sie auf gar keinen Fall zum Anlass, Ihre Entscheidung rückgängig zu machen.

BEISPIEL

Viola Rein hat sich über 14 Jahre ausschließlich um die Familie gekümmert. All ihre Energie hat sie darauf verwendet, ihren Kindern und ihrem Mann ein schönes Leben zu ermöglichen. Als sie zurück ins Berufsleben wollte und relativ schnell einen Job als Sekretärin in einem großen Autohaus fand, war sie überrascht über den Widerstand, den sie damit auslöste. Vor allem ihr ältester Sohn weigerte sich zu verstehen, warum er plötzlich kochen lernen oder Wäsche waschen sollte. »Erst dann habe ich begriffen, dass er sich in einem Zustand erlernter Hilflosigkeit befand. Das musste sich ändern!« Der Lernprozess war für alle schwierig und dauerte einige Zeit. Heute hat Viola jedoch das Gefühl, dass auch ihre Kinder dadurch gewonnen haben, dass sie selbstständiger und zufriedener geworden sind.

Machen Sie sich in Augenblicken, in denen Ihnen alles zu viel wird, die guten und wichtigen Gründe für Ihre Rückkehr in das Berufsleben klar. Kommunizieren Sie diese in Ihrer Familie. Und vor allem: weg mit dem schlechten Gewissen!

Zeitmanagement

Zeit ist ein knappes Gut, vor allem für diejenigen, die die Doppelbelastung Familie und Job stemmen müssen. Ein gutes Zeitmanagement verschafft Ihnen zwar nicht mehr Zeit, es hilft aber, ein bisschen davon einzusparen, und sich auf die Aufgaben zu konzentrieren, die wirklich wichtig sind.

Zeitfresser identifizieren

Bereits vor der Rückkehr in den Job sollten Sie unnütze Zeitfresser identifizieren und sie möglichst unschädlich machen. Stellen Sie eine kleine Kosten-Nutzen-Analyse auf. Was kostet Sie viel Zeit, bedeutet Ihnen und Ihrer Familie aber letztendlich wenig? Das kann z. B. der englische Rasen sein, den Sie jede Woche ein paar Stunden trimmen, der aber – außer, dass er die Nachbarn beeindruckt – keinerlei Nutzen stiftet. Das können die stundenlangen Telefonate mit der ewig unglücklichen Bekannten sein, die Ihnen ihr Leid klagt, aber nie zuhört, wenn Sie einmal ein Problem haben. Das kann die von der Urgroßmutter geerbte Porzellansammlung sein, die Sie mühevoll abstauben müssen.

Entwerfen Sie einen Zeitplan

Für fast alle Aufgaben und Projekte im Beruf erstellen wir Zeitpläne. Für das tägliche Alltagsgeschehen machen wir das nicht. Leider, denn so könnten wir den Alltag ein wenig strukturierter angehen und damit viel Stress vermeiden. Sie sehen anhand eines solchen Planes z. B., wie viel Zeit Ihnen pro Tag wirklich für die Arbeit zur Verfügung steht bzw. wo Sie etwas umorganisieren müssen. Tragen Sie dazu die wöchentlichen Termine aller Familienmitglieder in einen Kalender ein – jeweils mit der Anfangs- und Endzeit. Mit Terminen sind auch die Zeiten gemeint, in denen Ihr Kind betreut oder in der Schule ist. Achten Sie darauf, dass in diesen Zeiten auch An- und Abfahrtswege enthalten sind. Vergessen Sie auf keinen Fall, Freizeitaktivitäten einzuplanen, die für Ihre Regeneration wichtig sind, also z. B. Ihre Yoga-Stunden oder die Vorlesestunde mit Ihrem Sohn, die Ihnen beiden bisher immer so wertvoll war. Ergänzen Sie zum Schluss die von Ihnen geplanten Arbeitszeiten und sehen Sie sich den Familien-Zeitplan genauer an. Gibt es Terminüberschneidungen? Ist alles so machbar, wie Sie sich das vorgestellt haben?

Legen Sie To-dos fest und setzen Sie Prioritäten

Wenn Sie ständig hektisch versuchen, alles auf einmal zu schaffen, werden Sie ineffektiv, gestresst und damit unzufrieden sein.

Überlegen Sie jeden Abend, wenn Sie etwas Ruhe haben, welche Aufgaben am nächsten Tag zu erledigen sind. Listen Sie alle diese To-dos auf und vergeben Sie anschließend Prioritäten.

- 1 steht für dringend und wichtig,
- 2 steht für dringend,
- 3 steht für wichtig, aber nicht dringend,
- 4 steht für nicht wichtig, nicht dringend.

Gehen Sie am nächsten Tag zunächst die Dinge an, die Prio 1 haben. Widmen Sie sich dann erst den Aufgaben mit Prio 2. Merken Sie, dass Sie mit diesen Jobs genug zu tun haben für einen Tag, dann schieben Sie die Prio-3- und Prio-4-Aufgaben einfach auf den nächsten Tag. Vielleicht kommen Sie ja auch zu dem Ergebnis, dass die ein oder andere Prio-4-Aufgabe ganz wegfallen kann?

> Vereinfachen Sie Ihren Alltag. Dazu gehört auch eine gewisse Ordnung. Haben Sie Dinge griffbereit, die Sie häufig brauchen, wie z. B. Telefonnummern und Klassenlisten.

Verabschieden Sie sich von allzu hohen Ansprüchen

Die größten Feinde berufstätiger Eltern sind zu hohe Ansprüche. Wollen wir in allen Rollen perfekt sein, wollen wir den makellosen Haushalt und aus unseren Kindern Musterkinder machen, können wir nur scheitern. Oder wir geraten in ein Hamsterrad, aus dem wir nur schwer wieder herauskommen.

- **Unvollkommenes wertschätzen:** Nehmen Sie Ihre Umgebung bewusster wahr. Was ist schon wirklich vollkommen? Und wirkt Perfektes nicht oft seltsam glatt und kalt? So viel mehr Schönheit und Charme entdecken wir hingegen in all den mit kleinen Macken und Fehlern behafteten und dadurch einzigartigen Dingen des Lebens. Sie werden sehen: Sich das vor Augen zu führen, macht schon viel gelassener.
- **Das richtige Maß finden:** Etwas auf ein hohes Niveau bringen zu wollen, ist erst einmal nichts Schlechtes. Dadurch entstehen Qualität und Wertschöpfung. Seien Sie froh, wenn Sie diesen Sinn für Vollkommenheit in sich haben. Denn an der richtigen Stelle können Sie damit viel erreichen. Aber lernen Sie damit zu haushalten. Setzen Sie diese Fähigkeit bewusst an Stellen ein, an denen es wirklich einen Unterschied macht. Meistens bemerken es andere noch nicht mal, wenn Sie etwas mühevoll und bis ins kleinste Detail perfektioniert haben.
- **Trainieren Sie die Fähigkeit loszulassen:** Lassen Sie das Bild schief an der Wand hängen, kochen Sie ein hin und wieder Fertiggericht, wenn es schnell gehen muss, verzichten Sie aufs Bügeln, verzeihen Sie anderen ihre Schrulligkeiten. Finden Sie heraus, an welchen Stellen Sie Ihre Schmerzgrenze schrittweise senken können. Es wird Sie befreien!
- **Die nicht perfekte Familie** ist eine sehr liebenswerte Familie! Überlegen Sie: Übertragen Sie Ihren Perfektionismus auch auf Ihre Kinder? Das passiert leicht – und trägt nicht dazu bei, sie zu stärken und sie zu in sich ruhenden Persönlichkei-

ten zu erziehen. Natürlich wollen wir unseren Kindern vieles beibringen. Gleichzeitig sollten wir jedoch lernen, sie so zu genießen, wie sie sind!

Unsere inneren Leistungs- und Perfektionsantreiber resultieren aus psychologischen Mustern, die wir oft in frühester Kindheit erlernt und verinnerlicht haben. Aus diesen inneren Programmen nach und nach auszusteigen, dauert seine Zeit. Wichtig ist daher, auch kleinste Fortschritte wertzuschätzen und diese Aufgabe als lebenslangen Lernprozess zu betrachten.

Nach einer Pflegephase

Menschen, die sich um pflegebedürftige Angehörige kümmern, schultern eine enorme Last. Zu all den Pflichten, die sie ohnehin im Job und im Alltag zu Hause haben, kommt noch eine dritte, oft psychisch wie körperlich sehr belastende Aufgabe hinzu: die Sorge für einen schwer erkrankten Angehörigen. Diese Dreifachbelastung zu stemmen, ohne dabei selbst Schaden zu nehmen, ist sehr schwierig. Wer wieder arbeiten will, sich jedoch nach wie vor um einen Pflegebedürftigen kümmert, braucht daher auch eine sehr gute Planung und Organisation seines Alltags.

Stellschraube: Arbeitszeit

Eine mögliche Stellschraube, die Belastungen ein wenig abzufedern, ist eine geschickte Verteilung Ihrer Arbeitszeit. Initiieren Sie frühzeitig – noch während der Pflegezeit – Gespräche mit

Ihrem Arbeitgeber und suchen Sie gemeinsam mit ihm nach Wegen.

- Können Sie an die Kurzzeitpflege eventuell eine längere Familienpflegephase anschließen, in der Sie Ihre Arbeitszeit reduzieren (siehe hierzu das Kapitel »Ihre Rechte«)?
- Ist Ihnen mit Homeoffice-Tagen geholfen?
- Können Sie Ihre Arbeitszeit anders verteilen?

BEISPIEL

Heike Meyer hat sich für sechs Monate freistellen lassen, um ihre schwer erkrankte Mutter zu Hause zu pflegen. Nach dem Ende der Pflegezeit geht es der Mutter langsam besser. Sie ist aber noch nicht in der Lage, längere Zeiträume alleine zu bleiben. Da es keine anderen Verwandten gibt, beantragt Heike bei ihrem Arbeitgeber eine Reduzierung ihrer Arbeitszeit auf 20 Wochenstunden, und zwar für ein Jahr. Ihr Chef ist zunächst nicht begeistert. Schließlich findet man aber eine Lösung: Heike arbeitet an vier Vormittagen jeweils fünf Stunden, drei Tage davon an ihrem Arbeitsplatz und an einem Tag im Homeoffice. Als sich das System eingespielt hat, wird festgelegt, dass Heike statt montags an den Samstagen ins Büro kommt. An diesen Tagen kann sich ihr Mann um ihre Mutter kümmern. Und ihr Vorgesetzter freut sich, wenn am Montagmorgen alle Kundenanfragen vom Freitagnachmittag fertig bearbeitet auf seinem Schreibtisch liegen.

Stellschraube: Delegation

Übernimmt ein Verwandter – laut Statistik meist eine Frau – die Pflege eines erkrankten Angehörigen, ist der Rest der Familie erst einmal erleichtert. Was zunächst vielleicht als vorübergehende Lösung gedacht war, wird allzu schnell zur selbstverständlichen Dauerlösung. Die anderen Verwandten werden an diesem für sie angenehmen Zustand meist nichts verändern wollen. Sind Sie in einer solchen Situation, sollten Sie daher auch nicht abwarten, bis Ihnen jemand Hilfe anbietet. Sie selbst müssen aktiv werden. Machen Sie den anderen klar, dass man gemeinsam ab dem Zeitpunkt Ihres Jobbeginns eine neue Lösung finden muss. Lassen Sie sich nicht vertrösten, fordern Sie Planungssicherheit ein.

Finden Sie keine Lösungen innerhalb der Familie, und ist es wahrscheinlich, dass die Pflegebedürftigkeit des Angehörigen auch zukünftig bestehen wird, sollten Sie sich professionelle Hilfe holen. Vielleicht lässt sich die Situation mit der stundenweisen Beschäftigung einer Pflegekraft lösen, deren Lohn die Familie gemeinsam trägt, falls dies nicht ohnehin die Pflegeversicherung übernimmt.

Lassen Sie sich frühzeitig von Fachleuten beraten, wie Sie am besten vorgehen. Hilfreich kann auch der Austausch mit anderen Menschen in Ihrem Umfeld sein, die so eine anspruchsvolle Zeit bereits gemeistert haben. Auf der Webseite des Bundesministeriums für Gesundheit www.pflegestaerkungsgesetz.de finden Sie viele aktuelle Infos zum Thema und Anlaufstellen, die Ihnen weiterhelfen können.

> Denken Sie auch an sich selbst. Es hilft niemanden, vor allem auch nicht dem Pflegebedürftigen, wenn Sie mit der Situation überfordert sind.

Nach einer längeren Erkrankung

Die Krankheit ist besiegt – eigentlich sollte die Rückkehr in die Arbeitswelt ein Grund zur Freude sein. Aber oft wird diese Vorfreude überschattet von Sorge: Schaffe ich das überhaupt? Ist mein Körper der Belastung schon gewachsen? Grundvoraussetzung für den Wiedereinstieg ist, dass Sie sich vollständig regeneriert haben. Seien Sie ehrlich mit sich und hören Sie auf Ihren Arzt.

Rückkehr in den früheren Job

Wenn Sie an Ihren alten Arbeitsplatz zurückkehren, erwartet Sie mit großer Wahrscheinlichkeit das sog. Betriebliche Eingliederungsmanagement (BEM); siehe ausführlich dazu das Kapitel »Ihre Rechte«. Informieren Sie sich vorab darüber und überlegen Sie sich, welche der in diesem Rahmen denkbaren Maßnahmen Ihnen den Wiedereinstieg erleichtern könnten.

- Wie viele Stunden trauen Sie sich zu?
- Brauchen Sie einen anderen Arbeitsplatz im Unternehmen, um langfristig arbeitsfähig zu bleiben? Darüber sollten Sie vor allem nachdenken, wenn Ihre Arbeit Sie krankgemacht hat, z.B. wenn der permanente Leistungsdruck zu einem Burnout-Syndrom oder zu einer anderen Stresserkrankung geführt hat.
- Wer sind die Vertrauenspersonen – interne wie externe –, die Sie bei den BEM-Gesprächen gerne dabeihätten?
- Wer soll auf keinen Fall teilnehmen?

Das BEM eröffnet Ihnen die Möglichkeit, die Dinge zu Ihren Gunsten zu gestalten. Die Chancen hierfür steigen, wenn Sie sich vorab Gedanken dazu machen und Ihre Argumente parat haben.

Wiedereinstieg mit einem neuen Job

Vielleicht hat Ihr früherer Job wesentlich dazu beigetragen, dass Sie krank geworden sind, und Ihnen ist daher klar, dass Sie nicht mehr zu Ihrem alten Arbeitgeber zurückwollen. Bevor Sie sich nun in die Bewerbungsphase stürzen, sollten Sie sich zunächst einer ausführlichen Selbstreflexion widmen: Was genau hat Sie krank gemacht im letzten Job? War es die Aufgabe selbst? Oder die Menschen, die Sie umgeben haben, oder vielleicht die spezielle Unternehmenskultur? Manchmal sind es auch bestimmte belastende Arbeitsbedingungen, die auf Dauer in eine Erkrankung führen können.

BEISPIEL

Marius Klein arbeitete acht Jahre lang erfolgreich als PR-Berater in einer Agentur für viele unterschiedliche Kunden. Die Arbeitskultur dort war von hoher Dynamik und langen Arbeitszeiten geprägt. Marius mochte seine Tätigkeit und auch das betriebsame Arbeitsumfeld. Er arbeitete sehr viel, bis er mit 43 Jahren einen Herzinfarkt erlitt. Diesen überstand er gut, entwickelte danach jedoch eine Angststörung, weil er weitere Infarkte befürchtete. Nach drei Monaten Auszeit kehrte er in seinen alten Job zurück. Zu früh, denn bereits nach wenigen Monaten wurde ein Burn-out bei ihm festgestellt. Er kündigte daraufhin seinen Job und pausierte für weitere eineinhalb Jahre. Im Rahmen einer psychotherapeutischen Behandlung fand er heraus, dass es nicht die inhaltliche Art seiner Arbeit war, die ihm zusetzte: Er mag den Kontakt zu den Medien, das Texten und Entwickeln von Strategien. Es war die

Schnelllebigkeit der Agenturwelt, die ihm zu schaffen machte. Marius findet einen Job als PR-Referent eines großen staatlichen Energieunternehmens. Er hat ähnliche Aufgaben wie zuvor, aber weniger Zeitdruck und geregelte Arbeitszeiten.

Es lohnt sich, ehrlich und kritisch hinzusehen, um herauszufinden, was genau sich in Zukunft ändern sollte. Darüber hinaus sollten Sie überlegen, ob Sie zunächst erst einmal testen, wie fit Sie schon wieder sind (siehe hierzu das Kapitel »Wiedereinstieg light«). Gerade nach einer langen Krankheitsphase können Sie z.B. durch eine ehrenamtliche Tätigkeit frei von Leistungsdruck Ihre Kräfte ausprobieren – und auf diese Weise Schritt für Schritt in die Arbeitswelt zurückkehren.

Auf einen Blick: Die Vorbereitungsphase

- Der Wiedereinstieg in den Job ist eine große Veränderung im Leben. Zweifel, Nervosität und Unruhe sind in dieser Phase völlig normal. Wenn Sie sich auf das Positive und die Chancen fokussieren, gelingt der Start besser.
- Wer nach einer Eltern- oder Pflegezeit Familie und Job stressfrei unter einen Hut bekommen will, muss gut organisiert sein, delegieren können und seinen Alltag im Voraus planen.
- Oft stellt sich nach einer längeren Krankheit die Frage: beruflich so weitermachen oder etwas Neues beginnen? Vor allem bei Stresserkrankungen sollten Sie sich die Antwort darauf genau überlegen.

Der richtige Einstieg

Jetzt ist der ideale Zeitpunkt, die Weichen für Ihre berufliche Zukunft zu stellen. Wie soll es für Sie weitergehen? Finden Sie es heraus!

In diesem Kapitel erfahren Sie u. a.,

- wie Sie sanft in die Berufswelt starten,
- ob Sie erst einmal Teilzeit arbeiten sollten oder
- ob Sie schon bereit sind für einen Vollzeitjob,
- welche Chancen die Selbstständigkeit bietet.

Wiedereinstieg light

Sofort von null auf hundert? Wer eine Auszeit hinter sich hat, will oder kann vielleicht gar nicht gleich mit einem Vollzeitjob starten. Ein langsameres und schrittweises Zurückfinden in das Berufsleben könnte eine Option für Sie sein, falls Sie innerlich noch nicht bereit sind für eine Ganztagstätigkeit. Es bietet sich auch an, wenn Sie festgestellt haben, dass derzeit noch viele ungünstige äußere Faktoren diesen Schritt erschweren. Solch ein sanfterer Weg kann dann vorteilhaft sein, wenn Sie

- sich und Ihre Familie nach und nach an die Veränderung gewöhnen und sich neu organisieren wollen,
- erst Ihr Selbstvertrauen und/oder Ihre Gesundheit schrittweise wiederaufbauen und stabilisieren müssen,
- nach und nach wieder Kontakt zur Arbeitswelt aufnehmen und Kompetenzen wiederentdecken und weiterentwickeln wollen,

Für manche Wiedereinsteiger wäre ein klassischer Vollzeitjob nicht machbar, so z. B. für Alleinerziehende oder für Menschen, die gesundheitsbedingt nur ein paar Stunden arbeiten können. Glücklicherweise gibt es viele Modelle, die einen Wiedereinstieg light ermöglichen.

Kurzfristige Mitarbeit

Viele Unternehmen haben Phasen, in denen sie jede helfende Hand brauchen können, so z. B., wenn die Auftragslage gerade sehr gut ist oder ein wichtiges Projekt kurz vor dem Abschluss steht. Erkundigen Sie sich bei früheren Arbeitgebern, bei Unternehmen in Ihrer Wohngegend und bei Bekannten, um herauszufinden, wo kurzfristiger Bedarf an Arbeitskräften herrscht. Erzählen Sie von Ihren Kompetenzen und bieten Sie Ihre Unterstützung an. Kommt Ihr Angebot zur richtigen Zeit, nimmt man es sicherlich gerne an. Auf diese Weise können Sie verschiedene Betriebe »ausprobieren« und Erfahrungen und Referenzen sammeln. Und vielleicht entpuppt sich der kurzfristige Aushilfsjob sogar als Sprungbrett für eine Festanstellung im Unternehmen.

Urlaubs- und Krankheitsvertretungen

Auch Urlaubs- bzw. Krankheitsvertretungen können ein sinnvoller Anfang für die Rückkehr in den Beruf sein. Vor allem in Zeiten hohen Arbeitsaufkommens kann die urlaubsbedingte Abwesenheit oder die Krankheit mehrerer Mitarbeiter zu erheblichen Problemen in Betrieben führen. In solchen Situationen freuen sich Unternehmen über Menschen, die für eine begrenzte Zeit einspringen können. Vielleicht hat ja auch Ihr alter Arbeitgeber Bedarf an Vertretungskräften. Fragen Sie in der Personalabteilung oder bei Ihrem ehemaligen Chef nach. Können Sie vorübergehend für Kollegen einspringen, ist das eine erste Chance für Sie, wieder Kontakt zur Abteilung aufzunehmen. Auch die Firma profitiert davon, weil Sie nicht lange eingearbeitet werden müssen.

Praktika

Ein Praktikum macht vor allem dann Sinn, wenn Sie sich beruflich neu orientieren wollen. Auch wenn Praktika hierzulande keinen guten Ruf mehr haben, weil sie meist viel Arbeit für sehr wenig oder gar kein Geld bedeuten, bieten sie dennoch große Chancen für Wiedereinsteiger. Hier können neue Tätigkeiten ausprobiert und vor allem Kontakte geknüpft werden. Vor allem nach einem Berufswechsel oder nach einer Weiterbildung oder Umschulung eröffnen sie viel Potenzial, erste Erfahrungen in einem neuen Berufsfeld zu sammeln.

Minijobs

Das Einkommen ist beim sog. Minijob auf 450 EUR pro Monat begrenzt. Reich werden Sie wegen der geringen Einkommensgrenze damit nicht. Dafür zahlt der Arbeitgeber jedoch für Sie Beiträge in die Rentenversicherung und in andere Sozialversicherungen ein. Als Minijobber genießen Sie Kündigungsschutz. Sie haben Anspruch auf Urlaub und Entgeltfortzahlung im Krankheitsfall. Ein Minijob kann ein erster Schritt sein, um wieder eine Brücke ins Berufsleben zu schlagen. Weiterführende Informationen sowie eine Stellenbörse für Minijobs finden Sie unter www.minijob-zentrale.de.

Trainingsfeld: Ehrenamt

Vereine, Kirchengemeinden, Schulen und Kitas sowie viele vergleichbare Organisationen und Einrichtungen würden nicht funktionieren ohne die unzähligen Helfer, die für ihre Arbeit kein Entgelt oder nur eine geringe Aufwandsentschädigung bekommen. Ehrenämter bieten gute Chancen, einen beruflichen Wiedereinstieg vorzubereiten. Menschen, die lange pausiert haben, profitieren von einer ehrenamtlichen Tätigkeit. Sie können darin ohne Leistungsdruck ihre Fähigkeiten ausprobieren und ihr Selbstwertgefühl stärken.

BEISPIEL

Johanna Werner hat wegen ihrer Kinder acht Jahre lang beruflich ausgesetzt. In ihren ungeliebten Beruf als Bankkaufrau möchte sie nicht zurück. Sie ist sehr unsicher, was sie stattdessen tun will, und weiß nicht so recht, wo ihre Kompetenzen liegen. Um einen ersten Schritt zurück ins Berufsleben zu tun, arbeitet sie für einige Zeit ehrenamtlich in verschiedenen sozialen Einrichtungen. Sie erkennt dort, dass es sie erfüllt, anderen Menschen in Notlagen zu helfen. Johanna macht schließlich eine von der Arbeitsagentur geförderte Weiterbildung im Bereich Sozialberatung.

> Auch ehrenamtliche Tätigkeiten gelten als Berufserfahrungen und gehören deswegen in den Lebenslauf.

Die Vor- und Nachteile des Wiedereinstiegs light

Funktioniert die Zusammenarbeit gut, kann aus einem temporären Job durchaus ein festes Arbeitsverhältnis werden. Arbeitgeber stellen sehr gerne Mitarbeiter ein, die sich bereits bewährt haben. Selbst wenn diese nicht alle fachlichen Qualifikationen erfüllen und noch einiges dazu lernen müssen: Man kennt sich, der Mitarbeiter weiß, »wie der Laden läuft«, die Chemie stimmt und das grundsätzliche Vertrauen ist da. Außerdem spart sich der Arbeitgeber so ein zeitaufwendiges und teures Bewerbungsverfahren.

Bei all diesen Vorteilen bergen kurzfristige Arbeitsverhältnisse, Minijobs oder Praktika jedoch auch Risiken: Manche Berufsrückkehrer hangeln sich von einem – oftmals nicht gut bezahlten oder wenig herausfordernden – Aushilfsjob oder Praktikum zum nächsten. Das bündelt all ihre Energie. Damit fehlt ihnen die Zeit und Kraft, die sie eigentlich für die Bewerbung auf eine »richtige« Arbeitsstelle bräuchten. Auf Dauer kann sich so ein Muster entwickeln, dass eine wirkliche Weiterentwicklung hemmt und in eine berufliche Sackgasse führt.

> Soll die Tätigkeit nur eine vorübergehende, ein Sprungbrett für den Traumjob sein, legen Sie ein Enddatum dafür fest. Erhöhen Sie den Druck auf sich, indem Sie diesen Endtermin im Bekannten- oder Freundeskreis öffentlich machen.

Auch Ehrenämter werden oftmals zu intensiv und langfristig ausgeführt, z. B. von engagierten Müttern, die all ihre Energie und Qualifikation in diese Aufgaben stecken. Natürlich leisten sie dadurch wichtige gesellschaftliche Beiträge und erfahren dafür auch Anerkennung. Langfristig investieren sie aber nicht genug in ihre berufliche Weiterentwicklung, in ihre finanzielle Unabhängigkeit und stagnieren trotz aller positiven Aktivität in ihrer Rolle. Soziales und gesellschaftliches Engagement ist zwar wichtig. Sich selbst sollten Sie dabei jedoch nicht aus den Augen verlieren. Streben Sie ein Arbeitsmodell an, in dem Sie Ihre Qualifikationen nutzen können und in dem eine ausreichende und angemessene Bezahlung selbstverständlich ist.

Der Klassiker: Teilzeit

Natürlich gibt es einige, die nach der Pause wieder richtig durchstarten und ihre Karriere vorantreiben wollen. Oder sie haben gar keine andere Wahl, als Vollzeit zu arbeiten, weil sie und ihre Familie auf das Gehalt angewiesen sind. Für viele Wiedereinsteiger ist der Sprung aus der Berufspause in eine Vollzeittätigkeit jedoch zu groß. Sie würden am liebsten vorübergehend oder auf Dauer in Teilzeit arbeiten.

Modelle der Teilzeitarbeit

Jemand arbeitet in Teilzeit, wenn seine wöchentliche Arbeitszeit im Vergleich zu der eines Vollzeitbeschäftigten im gleichen Betrieb reduziert ist. Diese Definition lässt schon erahnen: Es gibt viele Varianten der Teilzeitarbeit.

BEISPIELE

Sie arbeiten eine bestimmte Anzahl an vollen Tagen, den Rest der Woche haben Sie frei.

Sie sind jeden Wochentag bis 13 Uhr tätig. Nachmittags haben Sie frei.

Sie vereinbaren mit Ihrem Arbeitgeber eine bestimmte Stundenanzahl, die im Monat oder gar Jahr erreicht werden muss. Wann genau Sie diese Vorgaben erfüllen, bleibt Ihnen überlassen.

Je flexibler Sie sind, desto höher ist die Chance, einen Teilzeitjob zu ergattern. So z. B., wenn Sie bereit sind, zu Zeiten zu arbeiten, die bei Arbeitnehmern in der Regel nicht so beliebt sind: spät am Nachmittag oder Abend oder am Wochenende.

BEISPIEL

Der Callcenter-Mitarbeiter Frank kehrt nach einer längeren krankheitsbedingten Auszeit an seinen alten Arbeitsplatz zurück. Er meldet sich bewusst für die bei seinen Kollegen unbeliebten Schichten am Wochenende und am Abend, da diese meist ruhiger sind. Außerdem hat er sich in der Phase der Rekonvaleszenz daran gewöhnt, tagsüber einkaufen zu gehen. Auch genießt er es, im nahezu leeren Schwimmbad sein Sportprogramm absolvieren zu können. Das »antizyklische« Arbeiten kommt seinen Bedürfnissen entgegen und ist gleichzeitig eine Win-win-Situation sowohl für seinen Arbeitgeber als auch für seine Kollegen.

Innovativ: Jobsharing

Beim Jobsharing teilen sich zwei Mitarbeiter eine Arbeitsstelle. Die Herausforderung: Sie müssen sich gut verstehen, ständig auf dem Laufenden halten und sich hervorragend absprechen. Funktioniert diese Kommunikation, ist Jobsharing eine besonders schöne Variante, in Teilzeit zu arbeiten. Der Arbeitgeber hat wenig organisatorischen Aufwand, da die beiden Kollegen sich selbst organisieren. Er profitiert vom Know-how zweier Menschen und das zum Preis von nur einem Gehalt. Die beiden Sharing-Partner können sich ihre Arbeit so einteilen, dass jeder das einbringt, was er am besten kann. Auch die Teilung von Führungspositionen ist damit umsetzbar.

BEISPIEL

Miriam Mai ist Fachanwältin für Arbeitsrecht. Vor ihrer Elternzeit hat sie verschiedene Abteilungen in einer Kanzlei geleitet. Nun plant sie ihre Rückkehr. Vollzeit will sie nicht mehr arbeiten. Die Kanzleipartner haben ihr jedoch vor der Pause deutlich gemacht, dass ihr bisheriger Job nur ganztags möglich ist. Sie kommt ins Gespräch mit einer Kollegin, die auch ihre Arbeitszeit reduzieren möchte. Sie entwickeln gemeinsam einen detaillierten Plan, wie ein Jobsharing-Modell aussehen könnte. Zusammen stellen sie ihre Ideen den zunächst sehr kritischen Partnern der Kanzlei vor. Es gelingt ihnen aufzuzeigen, dass das Modell auch für die Kanzlei Vorteile hat: Die Partner können von der doppelten Expertise der Frauen profitieren. Zudem können sich die Kolleginnen bei Krankheit und im Urlaub flexibel vertreten.

Wer sich Jobsharing vorstellen kann, sollte selbst aktiv werden. Suchen Sie sich einen geeigneten Tandem-Partner und sprechen Sie dann gezielt potenzielle Arbeitgeber bzw. Ihr altes Unternehmen mit einem durchdachten Konzept an. Allein durch diese Vorarbeit und Eigeninitiative werden Sie so manchen Arbeitgeber beeindrucken. Auf www.tandemploy.com, einer Plattform speziell für Jobsharing-Interessierte, können Sie nach Tandempartnern und Jobangeboten suchen.

Nach der Familiengründung: Teilzeit für beide Partner

Nach der Familiengründung leben viele Partner eine traditionelle Rollenteilung: Meistens verzichtet nach wie vor die Frau auf ihre berufliche Verwirklichung und finanzielle Unabhängigkeit. Es deutet sich jedoch ein gesellschaftlicher Wandel an: Viele Frauen wollen trotz Familie auch gerne berufstätig sein und

Karriere machen. Gleichzeitig wollen auch viele Männer eine aktivere Rolle bei der Kindererziehung spielen. Experten fordern deswegen zunehmend flexiblere Arbeitszeitmodelle. Vielleicht finden Sie mit Ihrem Partner Wege, die bezahlte Erwerbstätigkeit und die nicht bezahlte Familienarbeit gerechter auf vier Schultern zu verteilen. Eventuell können Sie beide Ihre Arbeitszeit verringern und sie auf unterschiedliche Tage splitten.

Die Vorteile

Die Vorteile eines Teilzeitjobs liegen auf der Hand: Andere Verpflichtungen lassen sich leichter damit vereinbaren. Insbesondere Eltern brauchen Flexibilität und Zeit für ihre Kinder. Sie sind darüber hinaus an Kita-Öffnungszeiten, Schulferien usw. gebunden. Und auch diejenigen, die sich zu Hause um pflegebedürftige Angehörige kümmern, können meist keine Vollzeittätigkeit ausüben. Aber auch Menschen ohne diese familiären Verpflichtungen wünschen sich mehr Zeit für sich. Oder sie fühlen sich gesundheitlich (noch) nicht in der Lage, 35, 40 oder mehr Stunden in der Woche zu arbeiten.

Eine Arbeitszeit von z. B. 15, 20, 25 oder 30 Wochenstunden, die geschickt verteilt wird, erlaubt es, die einzelnen Aufgaben miteinander zu koordinieren. Sie kann Stress verringern, damit die Gesundheit erhalten und die Lebensqualität erhöhen.

Die Nachteile

Die entscheidenden Nachteile der Teilzeit sind finanzieller Natur: Wer weniger arbeitet, bekommt ein niedrigeres Gehalt und später dementsprechend eine geringere Rente. Das in diesem Punkt sehr rückständige Steuersystem in Deutschland begünstigt zudem nach wie vor die klassische Hausfrauenehe, so dass bei Steuerklasse V unter dem Strich, also netto, oft nicht mehr viel vom Gehalt übrigbleibt. Dies vor allem, wenn man davon auch noch die zusätzlich anfallenden Kinderbetreuungskosten in Abzug bringt.

> Die Konsequenz daraus ist nicht etwa, es dann lieber ganz sein zu lassen. Denken Sie langfristig und sehen Sie diese Phase als Investition in Ihre berufliche Weiterentwicklung. Zudem ist es ein Denkfehler, die Kinderbetreuungskosten beim Berechnen der Familienfinanzen allein vom eigenen, geringeren Gehalt abzuziehen. Schließlich ist der besserverdienende Elternteil ebenso auf die Betreuung der Kinder angewiesen, um seiner Tätigkeit nachgehen zu können.

Einen weiteren offensichtlichen Nachteil offenbart der Blick in die Stellenbörsen: Nur wenige interessante Stellen werden als Teilzeitjobs ausgeschrieben. Wer sich als Führungskraft bewirbt, hat kaum eine Chance, Teilzeit dafür durchzusetzen. Auch die Aufstiegschancen sind für Teilzeitangestellte in Deutschland deutlich geringer. Meist führt ihr Job dementsprechend auch zum Karriereknick. Häufig werden Teilzeitkräften eher allgemeine, verwaltende Tätigkeiten zugewiesen. Wer anspruchsvollere

Aufgaben erhalten möchte, muss klar signalisieren, dass er trotz der reduzierten Stundenanzahl dazu bereit und in der Lage ist.

BEISPIEL

Die erfahrene Projektleiterin Linda Paul kehrt nach dreijähriger Elternzeit in ihren alten Betrieb zurück. Um Familie und Job unter einen Hut zu bekommen, hat sie ihre Arbeitszeit von ehemals 40 Stunden auf 25 Stunden pro Woche reduziert. Die von ihr vor der Pause verantworteten Bereiche wurden unter den anderen Mitarbeitern der Abteilung aufgeteilt. Das Arbeitsaufkommen ist hoch. Alle freuen sich, dass sie ab jetzt eine Schnittstellentätigkeit übernimmt, in der sie den anderen Projektleitern »zuarbeitet«. Zunächst sieht sie ihre neue Tätigkeit positiv. Nach wenigen Monaten zeigen sich jedoch große Nachteile: Das Arbeitsvolumen ist riesig. Gleichzeitig kann sie ihr über mehrere Jahre aufgebautes Wissen kaum nutzen. Nach mehreren Personalgesprächen findet man eine neue Lösung: Sie erhält die Projektleitung für ein größeres und ein kleineres Projekt. Linda kommuniziert klar, zu welchen Zeiten sie erreichbar ist. Die Kollegen und externen Ansprechpartner gewöhnen sich recht schnell daran, dass sie nicht immer im Einsatz ist. Es ist ein etwas höherer Organisationsaufwand für alle, und gelegentlich führt Linda auf dem Spielplatz berufliche Telefonate. Sie empfindet das jedoch nicht als störend – im Gegenteil: Ihre neue Aufgabe erfüllt sie mit Zufriedenheit, da sie jetzt wieder das tun kann, was ihren Kompetenzen entspricht.

Übrigens: Je mehr Stunden Sie pro Woche arbeiten, desto geringer wirken sich die beschriebenen nachteiligen Effekte der Teilzeitarbeit aus. Wer 30 Stunden und aufwärts arbeitet, wird von den Kollegen, Chefs und Mitarbeitern meist als »vollwertige« Arbeitskraft wahrgenommen und erhält dementsprechend auch gleichwertige Aufgaben.

Der fordernde Weg: Rückkehr in Vollzeit

Viele haben aus wirtschaftlichen Gründen gar keine andere Wahl, als nach der Pause in eine Vollzeittätigkeit zurückzukehren. Das hat auf der einen Seite Vorteile: Der Arbeitsmarkt bietet ungleich mehr Vollzeit- als Teilzeitjobs an. Gehen Sie zu Ihrem alten Arbeitgeber zurück, kann er Sie auf gleichem Niveau oder sogar auf demselben Arbeitsplatz einsetzen.

Andererseits hat eine 40-Stunden-Woche auch ganz klare Nachteile: Wer so viel arbeitet, braucht ein sehr gutes Netzwerk, um sein Privatleben organisieren zu können. Das gilt vor allem für Familien oder Alleinerziehende mit kleinen Kindern sowie für diejenigen, die sich »nebenbei« um die Pflege eines Verwandten kümmern müssen. Ohne Back-up durch den Partner, Verwandte, Freunde und professionelle Betreuungseinrichtungen ist in einer solchen Lebenssituation ein Fulltime-Job nicht möglich.

BEISPIEL

Ina und Jochen haben zwei kleine gemeinsame Kinder und Jochen hat aus einer früheren Beziehung einen fast erwachsenen Sohn, der oft zu Besuch kommt. Beide lieben ihre Arbeit und möchten trotz der Kinder in Vollzeit weiterarbeiten. Ina steigt nach relativ kurzer Elternzeit von jeweils sechs Monaten wieder mit einer 40-Stunden-Woche als Architektin ein. Sie hat mit ihrem Chef abgesprochen, dass sie morgens bereits um 7 Uhr anfängt zu arbeiten. Sie steht gerne früh auf und schätzt die Ruhe im Büro, die es ihr ermöglicht, effektiv viele Aufgaben in kurzer Zeit zu erledigen. Jochen bringt die Kinder vor der Arbeit in die Kita. Seine Arbeitszeit als Außendienstmitarbeiter beginnt erst um 9 Uhr. Nachmittags nach getaner Arbeit holt Ina die Kinder aus der Kita ab. Jochen erledigt die Nacharbeiten seiner Tagestermine meist in den Abendstunden, wenn die Kinder bereits schlafen. Ihm ist es wichtiger, am Nachmittag und frühen Abend noch Zeit mit den Kindern zu verbringen, als immer einen freien Abend zu haben. Auf diese Weise kann er seinen älteren Sohn auch gut in das Familienleben integrieren, dem er bei Hausaufgaben und Bewerbungen hilft. Das Paar empfindet sein Lebensmodell als herausfordernd, aber auch als sehr bereichernd. Mit zwei Vollzeit-Gehältern kann es sich eine Haushaltshilfe leisten, die zweimal die Woche Putzarbeiten erledigt und gelegentlich einspringt, wenn ein Kind krank wird.

Ein Vollzeitjob verlangt starke Nerven und viel Energie. Stellen Sie sich darauf ein, Abstriche zu machen in Bezug auf Ihre persönlichen Wünsche und Ihre Freizeit. Hier ein paar Grundsätze, die Sie beachten sollten, wenn Sie sich mit dem Gedanken tragen, wieder Vollzeit zu arbeiten:

- Ohne eine sehr gute Organisation funktioniert das Modell nicht, vor allem nicht bei einer Doppelbelastung. Wer sich sagt: »Das wird schon werden!«, wird früher oder später Probleme bekommen. Schaffen Sie sich also ein Netz und einen doppelten Boden, das Sie sichert, wenn Sie mit Unerwartetem konfrontiert werden, z. B., wenn Ihre Kinder krank werden oder Sie eine Geschäftsreise antreten müssen. Vielleicht haben Sie eine hilfsbereite Nachbarin oder engagierte Großeltern, die in solchen Situationen gerne einspringen. Auch ein liebevolles und zuverlässiges Kindermädchen kann eine gute Option sein.
- Berücksichtigen Sie bei Ihrer Planung von Anfang an auch Auszeiten, in denen Sie sich erholen können. Wer zu Hause und im Job voll in Anspruch genommen wird, braucht Rege-

nerationsphasen. Auch diejenigen, die nach einer schweren Krankheit wieder voll durchstarten wollen, sollten auf die für die Gesundheit so notwendige Entspannung achten.

Der mutige Weg: das eigene kleine Unternehmen

Haben Sie schon einmal darüber nachgedacht, sich selbstständig zu machen? Der Wiedereinstieg nach einer beruflichen Pause kann ein guter Zeitpunkt dafür sein.

Vorteile der Selbstständigkeit

- Als Unternehmer können Sie vielleicht Ihren wirklichen Interessen und Leidenschaften folgen, Ihr Hobby zum Beruf machen und dadurch mehr Freude in Ihren Arbeitsalltag bringen.
- Selbstständiges Arbeiten kann durch immer wieder neue Kunden und Aufgabenstellungen sehr abwechslungsreich und interessant sein.
- Sie können bestimmen, was Sie wann, wo und wie erledigen – ein großer Gewinn an Flexibilität und Freiheit.
- Wenn Sie von zu Hause aus und eigenständig arbeiten, sparen Sie viel Zeit durch den Wegfall von Arbeitswegen und langatmigen Meetings.
- Als Unternehmer sind Sie selbst für Ihren Erfolg verantwortlich. Sie erhalten direktes Feedback von Ihren Kunden. Das macht stark und selbstbewusst.
- Sie arbeiten nicht in die Tasche anderer, Gewinne kommen direkt Ihnen zugute.

Wie so oft, liegen auch bei der Selbständigkeit Licht und Schatten nah beieinander. Wenn Sie über Ihr eigenes kleines Unternehmen nachdenken, sollten Sie sich daher auch mit den Nachteilen ehrlich auseinandersetzen.

Nachteile der Selbstständigkeit

- Selbst bei einem gut laufenden Geschäft und einer stabilen Auftragslage leben Sie stets mit der (finanziellen) Unsicherheit, wie es in Zukunft weitergeht.
- Sie sind selbst verantwortlich für Ihre Rentenabsicherung und die Vorsorge für krankheitsbedingte Ausfälle.
- Manche Selbstständige empfinden das Arbeiten von zu Hause aus als einsam. Sie vermissen den Kontakt zu Kollegen und Sparringspartnern.
- Möglicherweise unterliegt der Markt, in dem Sie tätig sind, Konjunkturschwankungen. Sie müssen dann sowohl Zeiten überstehen, in denen die Aufträge ausbleiben, als auch Phasen, in denen Sie so viel Arbeit haben, dass Sie in großen Stress geraten.
- Viele Selbstständige mögen es nicht gerne, sich selbst und ihre Dienstleistung oder Produkte immer wieder anpreisen und vermarkten zu müssen.
- Neben der »eigentlichen Arbeit« fällt viel Verwaltungstätigkeit wie Buchhaltung etc. an, für die es, vor allem bei Existenzgründern, kein Personal gibt.

Unternehmer in Teilzeit?

Viele scheuen den Schritt in die Selbstständigkeit, weil sie denken, das bedeute automatisch eine 50- bis 60-Stunden-Woche. Das ist so nicht ganz richtig, obwohl an dem Spruch: »Ich mache alles selbst und ständig«, sicher eine Menge dran ist. Es gibt aber viele Selbstständige und Freiberufler, die ihre Arbeit sehr erfolgreich in einem überschaubaren Zeitrahmen – übrigens auch in Teilzeit – ausüben.

BEISPIEL

Valerie Neumann, Innenarchitektin und Mutter von vier Kindern, war vor ihrer Berufspause angestellte Fachredakteurin bei einer großen Zeitschrift für Architektur. Ihr Mann ist beruflich stark eingebunden und oft tagelang verreist, so dass sie die Verantwortung für Haushalt und Kinder ganz überwiegend alleine trägt. Sie hat während ihrer Elternzeit den Kontakt zur Verlagswelt konstant gehalten und gelegentlich auf selbstständiger Basis Fachartikel geschrieben, wenn der Verlag Unterstützung von freien Mitarbeitern brauchte. Sie arbeitet von zu Hause aus, versucht aber, auch Präsenz im Verlag zu zeigen. Seit die Kinder etwas älter sind, hat sie sich nach und nach auch um größere Projekte bemüht. Sie hat stets signalisiert, dass sie sehr flexibel ist und auch kurzfristig einspringen kann. Wenn sie einen umfangreicheren Auftrag hat, aktiviert sie ihr Netzwerk aus Verwandten, Babysittern und einer Haushaltshilfe, so dass sie sich voll auf die Arbeit konzentrieren kann. Auch wenn sie solche Hochphasen nur zwei- bis dreimal im Jahr hat und zudem ein erheblicher Teil ihres Honorars für die Kinderbetreuungskosten aufgewendet wird: Valerie empfindet ihre Arbeit als lohnend und ist stolz darauf, eine lückenlose Projekt-Biografie vorweisen zu können. Sie will zum Familieneinkommen beitragen und ein gutes Vorbild vor allem für ihre Töchter sein.

Das Beispiel zeigt: Auch eine Teilzeit-Selbstständigkeit ist möglich. Das kann, wie bei Valerie im Beispiel, gelingen, indem Sie hin und wieder am Block für Projekte arbeiten. Oder Sie nehmen regelmäßig kleinere Aufträge an, für die Sie kontinuierlich pro Tag ein paar Stunden tätig sind.

Zehn Tipps für die Selbstständigkeit

Eine gute Idee und Fachkompetenz sind zwar wichtig, wenn Sie sich selbstständig machen. Diese Faktoren reichen aber nicht aus, um dauerhaft Erfolg zu haben. Es gibt typische Fallstricke, über die Gründer immer wieder stolpern. Die folgenden Tipps zeigen, wie Sie sie umgehen.

1. **Holen Sie sich Hilfe.** Bevor Sie Ihr eigenes Unternehmen gründen, sollten Sie Ihre Idee und Ihren Plan sorgfältig prüfen. Lassen Sie sich umfassend von Fachleuten zum Thema Gründung beraten, so z. B. bei der IHK und bei einem Steuerberater. Erstellen Sie gemeinsam mit Experten einen Businessplan. Lesen Sie Fachliteratur und sprechen Sie mit Insidern, also mit anderen Selbstständigen in Ihrem Umfeld oder in Ihrem Bekanntenkreis. Fragen Sie nach deren Erfahrungen.
2. **Analysieren Sie Ihre Zielgruppe und Ihre Konkurrenz.** Es reicht nicht, wenn Sie selbst Ihre Dienstleistung oder Ihr Produkt gut finden – Ihre Kunden müssen es auch tun. Je tiefer Ihr Verständnis für Ihre Zielgruppe ist, desto genauer können Sie Ihr Angebot auf die Kundenbedürfnisse zuschneiden. Sprechen Sie mit potenziellen Kunden. Beobachten Sie, was die Konkurrenz macht. Wie können Sie sich von Mitbewerbern abheben?
3. **Trennen Sie Berufliches und Privates.** Vor allem, wenn Sie eine Frau sind und im Homeoffice arbeiten, ist das mit die wichtigste Regel. Frauen neigen dazu, »nebenher« den

Haushalt zu schmeißen – und viele erwarten es auch von ihnen! Lernen Sie, sich selbst und Ihre Arbeit wichtig zu nehmen. Der Haushalt kommt nach dem Feierabend und wird fair zwischen den Familienmitgliedern aufgeteilt. Bleiben Sie hartnäckig, auch wenn Sie sich diese Position zunächst erkämpfen müssen.

4. **Lernen Sie kaufmännisch zu denken.** Die Finanzen sind ein häufiger Schwachpunkt bei Selbstständigen. Sie brauchen Rücklagen für die Steuer, das Marketing, notwendige Arbeitsgeräte, Ihre Weiterbildung und einen Puffer für Auftragslücken. Kalkulieren Sie so, dass Sie nicht von der Hand in den Mund leben. Machen Sie einen kleinen Finanzplan für Zu- und Abflüsse, indem z. B. die Termine enthalten sind, zu dem Steuern und Krankenversicherungsbeiträge fällig werden. Vergessen Sie auch nicht Ihre Sozialabsicherung und vor allem die Rentenvorsorge. Die wenigsten Unternehmer können in der Startphase dafür Geld beiseitelegen. Spätestens, wenn das Geschäft ins Laufen kommt, sollten Sie jedoch Ihre Vorsorge für später aufbauen.

5. **Lernen Sie zu verhandeln.** Lassen Sie sich in Ihren Preisen nicht zu sehr drücken. Für den Anfang können Sie »Kennenlern-Preise« anbieten, die Sie klar als solche kommunizieren und zeitlich begrenzen. Danach sollten Sie unbedingt angemessene Preise für Ihre Leistungen verlangen.

6. **Werden Sie sichtbar.** Viele Unternehmer leisten tolle Arbeit – Arbeit, die oft keiner sieht, weil sie dezent im Verborgenen bleiben. Ohne ein gewisses Eigenmarketing wird es

nicht gehen. Netzwerken Sie aktiv auf Fachveranstaltungen oder wo auch immer Sie potenzielle Kunden treffen. Auch online sollten Sie in Erscheinung treten, z.B. mit einer eigenen Webseite, in den sozialen Business-Netzwerken wie XING oder in Fachforen.

7. **Lernen Sie, Prioritäten zu setzen.** Ohne gutes Zeitmanagement funktioniert es nicht. Schauen Sie möglichst oft mit dem »wirtschaftlichen Blick« auf Ihre Zeit und wie Sie sie verbringen. An welcher Stelle müssen Sie sich richtig reinhängen? Wo können Sie Prozesse abkürzen und vereinfachen? Konzentrieren Sie sich auf Ihr Kerngeschäft? Können Sie lästige »Zeitfresser« und Nebenbaustellen, mit denen Sie nichts verdienen, eliminieren oder outsourcen?

8. **Machen Sie Pausen.** Als Unternehmer gerät man schnell in ein Hamsterrad, aus dem es keinen Ausweg zu geben scheint. Lernen Sie einzuschätzen, wie viel Sie leisten können und wo Sie Ihre persönlichen Grenzen ziehen müssen. Der Weg in den Burn-out verläuft oft schleichend, auch (oder gerade dann), wenn Sie Ihre Arbeit lieben. Reservieren Sie sich in Ihrem Terminkalender ganz bewusst Zeit für Regenerationsphasen. Finden Sie heraus, was Ihnen am meisten Erholung bringt, z.B. Lesen, Treffen mit Freunden, Sport in der Natur.

9. **Bleiben Sie am Ball.** Es ist sinnvoll, sich regelmäßig Feedback zu holen – von Ihren Kunden oder Kooperationspartnern. Entwickeln Sie sich fachlich weiter und beobachten Sie den Markt und die Trends. Entpuppt sich eine Idee als Sackgasse, halten Sie nicht unnötig lange daran fest.

10. **Haben Sie Geduld.** Die meisten Menschen überschätzen, was sie in einem Jahr erreichen können. Sie unterschätzen dagegen, was in fünf Jahren so alles möglich ist. Ein Geschäft aufzubauen, braucht Durchhaltevermögen und Zeit. Rückschläge und Krisen gehören dazu. Feiern Sie bewusst Ihre Erfolge, mögen sie auch noch so klein sein.

Flexibilität pur: Homeoffice

Internet, Laptops und das Smartphone machen die Arbeit von nahezu jedem Ort der Welt aus möglich. Immer mehr Unternehmen ist es mittlerweile egal, ob die Mitarbeiter in der Firma anwesend sind oder von zu Hause aus arbeiten. Die Arbeit im Homeoffice hat viele Vorteile: Man spart sich den Weg zu und von der Arbeit, kann sich die Arbeitszeit flexibler einteilen und auf unvorhergesehene private Ereignisse besser reagieren.

Auf eine Tätigkeit im Homeoffice haben Sie keinen Anspruch. Mit den richtigen Argumenten können Sie Ihren (potenziellen) Arbeitgeber aber vielleicht davon überzeugen. Die Erfahrung zeigt allerdings, dass die Offenheit bei Vorgesetzten dafür weit größer ist, wenn das Arbeitsverhältnis bereits einige Zeit bestanden hat und eine stabile Vertrauensbasis vorhanden ist. Möglicherweise ist es klüger, hier auf den richtigen Zeitpunkt zu warten, um die Homeoffice-Frage zu thematisieren.

Das Arbeiten von zu Hause aus ist bei Teilzeitjobs und auch bei Vollzeittätigkeiten möglich. Je nach Vereinbarung kann es sehr strikt oder sehr frei gestaltet werden.

BEISPIEL

Katja Rein ist vier Tage jeweils fünf Stunden als Sachbearbeiterin in einem Versicherungskonzern tätig. Freitags arbeitet sie von zu Hause aus, die restlichen Tage ist sie im Büro.

Mark Hoffmann ist Vertriebsmitarbeiter. Er ist viel unterwegs bei Kunden. Die Angebote schreibt er in seinem Homeoffice. In die Firma kommt er nur zu Besprechungen und Workshops mit den Kollegen.

Ihre Rechte

Wer nach seiner Auszeit wieder beruflich durchstarten will, hat es schwer genug. Das hat auch der Gesetzgeber erkannt und sich zahlreiche Schutzmechanismen und Förderungen für Wiedereinsteiger überlegt.

In diesem Kapitel erfahren Sie u. a.,

- was Ihr Arbeitgeber bei Ihrer Rückkehr für Sie tun muss,
- was betriebliches Wiedereingliederungsmanagement ist,
- wie der Staat Umschulungen und Weiterbildungen fördert,
- welche Hilfen es für Existenzgründer gibt.

Während oder nach der Elternzeit

Die Elternzeit sollte eigentlich Kinderzeit heißen, denn sie dient dazu, dass sich frischgebackene Eltern eine Auszeit für den Nachwuchs nehmen dürfen, ohne dabei Repressalien des Arbeitgebers fürchten zu müssen. Anspruch auf Elternzeit besteht grundsätzlich bis zum dritten Geburtstag des Kindes. So lange gibt es eine Garantie auf einen gleichwertigen Arbeitsplatz im Unternehmen.

»Gleichwertig« heißt nicht »identisch«

Wer Ihre Aufgaben erledigt, während Sie sich in Elternzeit befinden, hängt zum einen von der Dauer Ihrer Abwesenheit ab und zum anderen von der Art der Tätigkeiten. Kürzere Abwesenheiten lassen sich einfacher überbrücken als längere, manchmal auch durch die Kollegen. Eventuell hat Ihr Vorgesetzter befristet eine Vertretung eingestellt, die Ihren Platz freimacht, wenn Sie wieder anfangen zu arbeiten. Egal, auf welche Weise der Arbeitgeber Ihre Pause überbrückt: In jedem Fall gibt es keine Garantie auf Ihre alte Stelle. Wenn Sie zurückkehren, muss Ihr Chef Ihnen eine *gleichwertige Position* anbieten, die im Wesentlichen dem Qualifikationsprofil entsprechen muss, welches Sie vor der Elternzeit ausgefüllt haben. Auch Arbeitszeit, Arbeitsort und Bezahlung müssen (weitgehend) dem Vergleich zu vorher standhalten. Was sich in der Theorie schön anhört, sieht in der Praxis aber leider häufig anders aus. Oft ist mit der Rückkehr eine inhaltliche Veränderung, meist eine Degradierung bzw. Schlechterstellung verbunden.

BEISPIEL

Markus Klug, Kundenberater in einer Werbeagentur, kehrt nach einjähriger Elternzeit hochmotiviert an seinen Arbeitsplatz zurück. Er wusste, dass die Rückkehr nicht leicht werden würde. Sein Chef machte ihm damals sehr deutlich, dass er von der Elternzeit für Väter nichts hielt. Nun sind alle seine interessanten Aufgaben und Kunden an andere Mitarbeiter verteilt. Sein neues Tätigkeitsprofil ähnelt eher dem einer Sachbearbeitung als einer Beratungstätigkeit. Nachdem er mehrfach erfolglos versucht hat, seinen alten Job zurückzubekommen, gibt er entnervt auf und kündigt.

Viele Berufsrückkehrer finden sich mit der neuen, schlechteren Rolle ab, weil sie die juristische Auseinandersetzung scheuen. Und tatsächlich wäre der Ausgang eines Gerichtsverfahrens in den meisten Fällen ziemlich ungewiss, denn ob der neue Job »gleichwertig« zum alten ist, ist Auslegungssache. Zudem kommt es leider nicht selten vor, dass Rückkehrer gezielt aus ihren Jobs oder dem Unternehmen gedrängt werden. Stoßen Sie bei Ihrer Rückkehr auf Widerstand und weist man Ihnen einen minderwertigen Job zu, sollten Sie sofort aktiv werden: Lehnen Sie die neue Tätigkeit ab und fordern Sie einen gleichwertigen Arbeitsplatz ein. Soweit vorhanden, können Sie auch den Betriebsrat miteinbeziehen. Kämpfen Sie für Ihren alten Job – Sie müssen sich nicht alles gefallen lassen!

Arbeiten während der Elternzeit? Die Elternteilzeit macht`s möglich

Maßgebend für die Dauer der Elternzeit ist immer die im Antrag angegebene Zeitspanne. Haben Sie z. B. 12 Monate beantragt und wollen Sie Ihre Elternzeit später verlängern oder verkürzen, hängt es ganz allein vom Arbeitgeber ab, ob er dem zustimmt. Ein juristisches Schlupfloch, das es möglich macht, trotzdem vorzeitig wieder in den Job zurückzukehren, ist die sog. Elternteilzeit, also ein Teilzeitjob in der Elternzeit.

Arbeitnehmer in Elternzeit dürfen teilzeitbeschäftigt sein (§ 15 Abs. 4 BEEG), solange ihre durchschnittliche Wochenarbeitszeit 30 Stunden nicht überschreitet. Eine solche Teilerwerbstätigkeit ist denkbar beim bisherigen Arbeitgeber, in einem anderen Unternehmen oder sogar auch in Form einer Selbstständigkeit.

BEISPIEL

Saskia Weber, Angestellte im Einkauf eines Großkonzerns, hatte nach der Geburt ihres Sohnes drei Jahre Elternzeit beantragt. Mittlerweile ist sie mit ihrer Familie in eine ca. 40 Kilometer entfernte Kleinstadt gezogen. Sie ist unsicher, ob sie aufgrund des langen Arbeitsweges in den Konzern zurückkehren will, zumal auch ihr Vorgesetzter in der Vergangenheit nicht sehr flexibel auf berufstätige Eltern reagiert hat. Über ihr persönliches Netzwerk nimmt Saskia Kontakt zu mittelständischen Unternehmen an ihrem neuen Wohnort auf und findet einen passenden Teilzeitjob, den sie während ihrer Elternzeit ausüben kann. Sie testet damit, ob diese Arbeit auch langfristig für sie infrage kommt und in welchem Umfang.

Das Beispiel zeigt: Die Elternzeit lässt sich nutzen, um etwas Neues auszuprobieren und andere Unternehmen oder auch die Selbstständigkeit kennenzulernen. Das Risiko, am Ende ganz ohne Job dazustehen, ist dabei gering, denn Sie haben ja dann immer noch den Arbeitsvertrag mit Ihrem alten Arbeitgeber.

Teilzeit kann beantragt werden bei Arbeitgeberunternehmen, die mindestens 15 Mitarbeiter haben. Ist diese Voraussetzung erfüllt, darf der Arbeitgeber Ihr Ansinnen nur ablehnen, wenn sog. dringende betriebliche Erfordernisse gegen die Teilzeit in Ihrer Elternzeit sprechen. Das ist z. B. dann der Fall, wenn der Arbeitgeber eine feste Elternzeitvertretung für Sie eingestellt hat.

Planen Sie, eine gewisse Zeit in einem anderen Unternehmen zu arbeiten, müssen Sie dafür vorab die Zustimmung Ihres bisherigen Arbeitgebers einholen. Damit soll der Gefahr von Konkurrenztätigkeit vorgebeugt werden. Ihr Chef kann seine Zustimmung dazu jedoch nur aus dringenden betrieblichen Gründen verweigern. Solche Gründe liegen z. B. nur vor, wenn sich konkrete Anhaltspunkte dafür ergeben, dass Betriebs- und Geschäftsgeheimnisse verletzt werden könnten. Legt der Arbeitgeber sein Veto ein, muss er das schriftlich und innerhalb von vier Wochen nach Ihrem Antrag tun. Tut er das nicht, gilt der Antrag als genehmigt.

Die Teilzeitvereinbarung läuft zum Ende der Elternzeit aus. Dann lebt Ihr alter Job in seiner bisherigen Form wieder auf. Die Variante der Elternteilzeit ist besser, als die Elternzeit vorzeitig zu beenden und dann erst einen Antrag auf Teilzeit (siehe sogleich) zu stellen. Sie erhalten sich so erst einmal Ihre Vollzeitstelle. Und zusätzlich gibt es in Elternteilzeit mehr Rentenpunkte als in normaler Teilzeit.

Stellen Sie fest, dass Ihnen die Arbeit in der Elternzeit doch zu viel wird, können Sie sie bis zu zweimal verringern. 15 Wochenstunden darf sie jedoch nicht unterschreiten.

Die Teilzeit nach der Elternzeit

Steht für Sie fest, dass Sie nach der Elternzeit nicht mehr auf Ihre Vollzeitstelle zurückkehren oder Ihre Arbeitszeit in einem Teilzeitjob noch weiter reduzieren wollen, sollten Sie bei Ihrem Arbeitgeber einen Antrag auf Teilzeit stellen. Ihr Chef muss diesen Antrag bewilligen, wenn die folgenden Voraussetzungen vorliegen:

- Im Betrieb sind in der Regel mehr als 15 Mitarbeiter beschäftigt.
- Ihr Arbeitsverhältnis besteht länger als sechs Monate.
- Es sprechen keine betrieblichen Gründe gegen die Teilzeit.

Aus dem letzten Grund darf Ihr Arbeitgeber Ihr Ansinnen nur ablehnen, wenn Ihre bisherige Arbeit sich nicht in Teilzeit erledigen lässt. Das muss er jedoch sehr gut begründen können. Kann er das nicht, ist seine Entscheidung vor dem Arbeitsgericht angreifbar. Alternativ kann man Ihnen einen anderen teilzeitgeeigneten, gleichwertigen Arbeitsplatz im Betrieb zur

Verfügung stellen. Dies muss aber organisatorisch möglich und für den Arbeitgeber zumutbar sein.

Aussitzen darf Ihr Chef den Antrag nicht. Teilt er Ihnen seine Entscheidung nicht spätestens einen Monat vor dem Starttermin der gewünschten Teilzeitarbeit mit, so gilt Ihr Antrag als genehmigt.

Wie Sie Teilzeit beantragen

Wenn Sie in Teilzeit zurückkehren wollen, müssen Sie dieses spätestens drei Monate vor Ende Ihrer Elternzeit anmelden – am besten schriftlich, um den Antrag später auch nachweisen zu können. Das folgende Musterschreiben zeigt, wie eine solche Formulierung aussehen kann.

(Datum)

An die Personalabteilung

Sehr geehrte Damen und Herren,
am ... (genaues Datum) endet meine Elternzeit. Mit diesem Datum möchte ich bei Ihnen eine Teilzeitbeschäftigung im Umfang von ... Wochenstunden ausüben.
Meine wöchentliche Arbeitszeit bitte ich wie folgt zu verteilen:
Montag: von ... Uhr bis ... Uhr,
Dienstag: von ... Uhr bis ... Uhr,
Mittwoch: von ... Uhr bis ... Uhr.
Ich freue mich auf Ihre schriftliche Bestätigung bis zum .... Sollten Sie Einwände gegen meine Arbeitszeitwünsche haben, stehe ich Ihnen gerne für ein klärendes Gespräch zur Verfügung.

Mit freundlichen Grüßen

Überlegen Sie sich sehr gut, mit wie vielen Stunden Sie Ihr Arbeitsverhältnis fortführen wollen. Einen Antrag auf erneute Verringerung können Sie dann erst in zwei Jahren wieder stellen. Auch eine spätere Aufstockung der Stundenanzahl oder gar ein Wechsel zur Vollzeit ist nur möglich, wenn der Arbeitgeber dem zustimmt. Einen Anspruch darauf haben Sie nicht. Dadurch soll der Arbeitgeber vor zu vielen wechselnden Anträgen geschützt werden und eine gewisse Planungssicherheit erhalten. Aber auch hier gibt es wieder ein Schlupfloch: Hat Ihr Unternehmen einen Vollzeitarbeitsplatz zu besetzen, müssen teilzeitbeschäftigte Arbeitnehmer, die ihre Stelle aufstocken möchten, bevorzugt berücksichtigt werden.

Einen Anspruch auf eine bestimmte Verteilung der Arbeitszeit haben Sie nicht. Der Arbeitgeber muss zwar versuchen, die Arbeitszeitwünsche seiner Arbeitnehmer zu erfüllen, vor allem, wenn es um die Vereinbarkeit von Familie und Beruf geht. Oftmals ist das de facto jedoch nicht möglich, vor allem, wenn viele Mitarbeiter um die attraktiven Vormittagsstunden konkurrieren, in denen ihre Kinder in Schule und Kindergarten betreut sind. Hier müssen einvernehmliche Lösungen ausgehandelt und Kompromisse geschlossen werden.

Es ist wichtig, Ihre Rechte zu kennen und für die eigenen Ansprüche einzutreten. Gleichzeitig sind Sie jedoch auch auf eine gute, konstruktive Beziehung zu Ihrem Chef und den Kollegen angewiesen. Sie sollten also nicht gleich mit einem Anwalt im Schlepptau auftreten, wenn es Widerstand seitens des Arbeitgebers gibt. Wenn Sie zeigen, dass Sie auch die Bedürfnisse der Gegenseite verstehen, können am ehesten tragfähige Lösungen für alle gefunden werden.

Nach einem Sabbatical

Immer mehr Menschen nehmen sich eine Auszeit vom Job, weil sie eine Pause brauchen oder einfach mal etwas anderes ausprobieren wollen. Ein Sabbatical macht es möglich, für mehrere Monate oder sogar ein Jahr auszusteigen, ohne dabei den Job zu verlieren.

Um es gleich vorwegzunehmen: Sabbaticals sind nicht gesetzlich geregelt. Es kommt also für Ihren Wiedereinstieg primär darauf an, was Sie in der Vereinbarung dazu mit Ihrem Arbeitgeber geregelt haben.

- Haben Sie eine Ansparvariante vereinbart, mit der Sie sich das Geld oder die Zeit für das Sabbatical im Voraus erarbeitet haben, bleibt Ihr Arbeitsverhältnis während der Freistellung bestehen.
- Basiert Ihr Sabbatical auf einer unbezahlten Freistellung, ruht Ihr Arbeitsverhältnis mit all seinen Rechten und Pflichten und lebt mit dem Ende des Sabbaticals wieder auf.

Wollen Sie nicht mehr zu Ihrem alten Unternehmen zurückkehren, müssen Sie Ihr Arbeitsverhältnis bei beiden Varianten rechtzeitig kündigen.

Lesen Sie die Vereinbarung genau: Ist die Rückkehr an Ihren alten Arbeitsplatz durch eine entsprechende Regelung gesichert? Achtung: Existiert eine solche Klausel nicht, kann Ihr Chef Ihnen auch einen anderen Job im Unternehmen zuweisen.

Nach einer (Familien-)Pflegezeit

Nahezu 70 % aller pflegebedürftigen Menschen werden zu Hause versorgt – die meisten von ihnen durch Angehörige. Für die Pflegenden ist eine solche Situation eine große Belastung. Das gilt vor allem, wenn sie einen Vollzeitjob ausüben. Das hat auch der Gesetzgeber erkannt und den Betroffenen einen Anspruch auf die sog. Pflegezeit bzw. Familienpflegezeit zuerkannt. Sie haben damit das Recht, sich für eine begrenzte Zeit ganz oder teilweise von der Arbeit freistellen zu lassen, um einen nahen Angehörigen zu pflegen. Dadurch wird es ermöglicht, Berufstätigkeit und familiäre Pflege besser miteinander zu vereinbaren. Nahe Angehörige können dank der Pflegezeit in ihrer häuslichen Umgebung gepflegt werden, ohne dass die Pflegenden ihren Arbeitsplatz gefährden.

Pflegezeit bis zu sechs Monate

Bis zu sechs Monate können Sie teilweise oder ganz aus Ihrem Job aussteigen, um einen nahen Angehörigen zu pflegen. Diesen Anspruch auf Pflegezeit haben Sie allerdings nur in größeren Unternehmen, die mindestens 15 Arbeitnehmer beschäftigen. In kleineren Betrieben ist eine solche Auszeit Verhandlungssache und damit nur möglich, wenn der Chef einwilligt. Wer einen nahen Angehörigen in seiner letzten Lebensphase begleitet, hat das Recht, bis zu drei Monate lang beruflich kürzerzutreten oder ganz auszusetzen.

In allen Fällen müssen Sie ein ärztliches Attest vorlegen und Ihrem Arbeitgeber spätestens zehn Arbeitstage vor Beginn schriftlich ankündigen, für welchen Zeitraum und in welchem Umfang Sie die Freistellung in Anspruch nehmen. Wenn Sie Ihre Arbeitszeit verringern wollen, geben Sie also auch Ihre gewünschte Stundenzahl und -verteilung an. Der Arbeitgeber darf Ihren Wunsch nur aus gewichtigen betrieblichen Gründen ablehnen.

Familienpflegezeit bis zu zwei Jahre

Reichen sechs Monate für die Pflege naher Angehöriger nicht aus, können Sie die sog. Familienpflegezeit beantragen, die bis zu 24 Monate lang dauern darf. Gesetzlich garantiert ist diese Auszeit aber nur in Unternehmen mit mindestens 25 Beschäftigten. In der Familienpflegezeit ist nur eine Reduzierung der Arbeitszeit auf mindestens 15 Stunden pro Woche möglich, ein Pausieren dagegen nicht. Sie müssen auch hier ein Attest vorlegen, um die Pflegebedürftigkeit nachzuweisen.

Damit sich Ihr Arbeitgeber darauf einstellen kann, müssen Sie ihm bereits mindestens acht Wochen vorher schriftlich ankündigen, wann, wie lange und in welchem Umfang Sie kürzertreten wollen.

Nachträgliches Verlängern möglich

Die Pflege- oder Familienpflegezeit lässt sich bis zur jeweiligen Höchstgrenze nachträglich verlängern. Den gewünschten Wechsel von der Pflegezeit in die längere Familienpflegezeit müssen Sie Ihrem Arbeitgeber spätestens drei Monate vor deren geplanten Beginn schriftlich mitteilen. Verlängert werden kann nur bis zu 24 Monaten, der Maximaldauer der Freistellung. Wer danach noch Zeit für die Pflege von Angehörigen braucht, muss einen Antrag auf Teilzeit beim Arbeitgeber stellen (siehe das Kapitel »Wie Sie Teilzeit beantragen«).

Recht auf vorzeitige Rückkehr?

Haben Sie Pflege- oder Familienpflegezeit beantragt, sind Sie daran gebunden. Grund für diese strenge Regelung ist eine gewisse Planungssicherheit für den Arbeitgeber, der sich auf Ihre Abwesenheit eventuell mit der Beschäftigung einer Vertretungskraft eingestellt hat. Nur ausnahmsweise können Sie die Auszeit vorzeitig beenden, und zwar dann, wenn

- der nahe Angehörige nicht mehr pflegebedürftig ist oder
- die häusliche Pflege unmöglich oder unzumutbar geworden ist.

Tritt eine solche Situation ein, müssen Sie Ihren Arbeitgeber unverzüglich darüber informieren, um auch tatsächlich zurückkehren zu können. Die Pflegezeit endet dann automatisch vier Wochen, nachdem sich die Umstände geändert haben.

Keine Sorge um den Job

Ihr Chef darf die Pflegezeit nicht zum Anlass nehmen, Ihnen zu kündigen: In allen Varianten der Pflegezeit genießen Sie sog. Sonderkündigungsschutz, und zwar, sobald Sie die Auszeit angekündigt haben bis zum Ende der Freistellung. Kündigt man Ihnen innerhalb dieser Zeitspanne trotzdem, können Sie erfolgreich dagegen klagen. In Ausnahmefällen kann der Arbeitgeber bei der zuständigen Arbeitsschutzbehörde die Zustimmung zur Kündigung beantragen. Der Antrag ist jedoch nur von Erfolg gekrönt, wenn das Unternehmen schwere Verfehlungen des betroffenen Arbeitnehmers nachweisen kann.

Ab dem ersten Tag Ihrer Rückkehr greift nur noch der reguläre Kündigungsschutz. Es ist daher empfehlenswert, auch während der Freistellung in gutem und konstruktivem Kontakt mit Ihrem Arbeitgeber und den Kollegen zu bleiben.

Grundsätzlich haben Sie nach der Freistellung einen Anspruch auf Ihren alten Arbeitsplatz.

Nach einer längeren Krankheitsphase

In Deutschland gibt es jedes Jahr Tausende von Arbeitnehmern, die wegen einer Erkrankung für längere Zeiträume oder sogar auf Dauer aus dem Berufsleben ausscheiden. Zunehmend spielen dabei psychische Krankheiten eine wesentliche Rolle. Während diese Erkrankungen vor 20 Jahren noch nahezu bedeutungslos waren, sind sie heute laut BKK-Gesundheitsreport die zweithäufigste Diagnosegruppe bei Krankschreibung bzw. Arbeitsunfähigkeit (BKK Gesundheitsreport 2015, S. 247).

Die Wiedereingliederung

Wer innerhalb eines Jahres mindestens sechs Wochen ununterbrochen oder wiederholt arbeitsunfähig war, hat Anspruch auf das sog. Betriebliche Eingliederungsmanagement, kurz: BEM (§ 84 Absatz 2 Neuntes Buch Sozialgesetzbuch). Es dient dazu, zu klären, wie die Arbeitsunfähigkeit möglichst überwunden werden und der Arbeitsplatz des Betroffenen dauerhaft erhalten werden kann.

Wie wird das BEM eingeleitet?

Der Arbeitgeber muss von sich aus dieses Verfahren einleiten. Dazu verpflichtet ihn das Gesetz. Diese Pflicht gilt im Übrigen auch für ganz kleine Betriebe. Der betroffene Arbeitnehmer wird schriftlich dazu eingeladen. Einen Teilnahmezwang gibt es für ihn nicht; das BEM ist ein freiwilliges Verfahren. Lehnen Sie es ab, darf der Arbeitgeber Sie wegen Ihrer Verweigerung nicht etwa abmahnen oder kündigen. Es lohnt sich aber, der Einladung zu folgen, denn ein BEM kann einer Kündigung oder Frühverrentung vorbeugen. Ein bereits laufendes BEM können Sie jederzeit stoppen.

Arbeitgeber, für die das Kündigungsschutzgesetz gilt, sind in der Regel daran interessiert, ein BEM durchzuführen. Denn damit machen sie eine mögliche spätere krankheitsbedingte Kündigung wasserdicht. Sie können dann besser belegen, dass alles dafür getan wurde, eine angemessene Ersatzbeschäftigung für den Erkrankten zu finden.

Wer ist am BEM beteiligt?

Existiert ein Betriebsrat oder eine Personalvertretung, so muss er bzw. sie beteiligt werden, vorausgesetzt der Betroffene stimmt dem zu. Bei schwerbehinderten Beschäftigten ist des Weiteren – wiederum nur mit deren Zustimmung – die Schwerbehindertenvertretung notwendige Teilnehmerin. In einigen Fällen kann es ratsam sein, den Werks- oder Betriebsarzt hinzuzuziehen. Auch die Servicestellen der Rehabilitationsträger oder bei Schwerbehinderten das Integrationsamt können mit Einverständnis des Beschäftigten am BEM beteiligt werden.

Was sind die Ziele des BEM?

Im Zuge des BEM werden die konkreten Arbeitsbedingungen und Belastungen, denen Sie an Ihrem Arbeitsplatz unterliegen, gründlich untersucht. Gemeinsam macht man sich auf die Suche nach Lösungen, die es ermöglichen, dass Sie langfristig und ohne Folgeerkrankungen an Ihren Arbeitsplatz zurückkehren können.

BEISPIEL

Berit Neumayer arbeitet seit acht Jahren im Marketing eines Automobilkonzerns. Das Arbeitstempo ist hoch. Sie identifiziert sich stark mit ihrer Rolle und ist jederzeit für Kollegen und Kunden erreichbar.

Berit entwickelt zunehmend Schlafstörungen und erkrankt schließlich an einem Burn-out-Syndrom. Nach einer sieben Monate währenden Krankheitsphase und zwei Klinikaufenthalten kehrt sie zurück an den Arbeitsplatz. Es wird ein BEM eingeleitet, das folgendes Ergebnis hat: Berits Arbeitszeit wird für einige Monate reduziert, um ihr einen sanfteren Einstieg zu ermöglichen. Sie erhält ein Firmen-Handy, das sie zukünftig am Ende der Arbeitszeit ausschaltet und an ihrem Arbeitsplatz zurücklässt. Außerdem werden regelmäßige Gespräche mit ihrem Vorgesetzten und dem Betriebsarzt vereinbart.

Typische Maßnahmen eines BEM

Die Maßnahmen, die in einem BEM vereinbart werden können, sind sehr vielfältig. Hier ein paar Beispiele.

- Die Arbeitsaufgaben werden angepasst.
- Die Arbeitszeit wird vorübergehend oder auf Dauer verringert.
- Ein erster Arbeitsversuch wird organisiert.
- Die technische Ausstattung des Arbeitsplatzes wird verbessert.
- Dem Beschäftigten wird ein anderer Arbeitsplatz zugewiesen.

Mit simplen Rückkehrgesprächen, wie sie nach einer Kurzerkrankung geführt werden, genügt der Arbeitgeber seiner Pflicht zur Durchführung eines BEM nicht. Der Arbeitgeber muss mehr tun als das. Wird ein BEM nur ansatzweise oder eher zum Schein absolviert, läuft der Arbeitgeber Gefahr, dass er später nicht wirksam wegen der Krankheit kündigen kann.

Was ist eine stufenweise Wiedereingliederung?

In der Praxis nutzt man sehr häufig das Instrument der stufenweisen Wiedereingliederung, vor allem nach schweren körperlichen Erkrankungen oder bei Unfallopfern. Zuerst erstellt der behandelnde Arzt einen Eingliederungsplan, der den zeitlichen Umfang der Arbeit festlegt. In der Regel beginnen Arbeitnehmer mit zwei Arbeitsstunden am Tag. Das Arbeitspensum erhöht sich dann nach und nach auf die volle Stundenzahl. Die stufenweise Wiedereingliederung darf maximal sechs Monate dauern. Der Arbeitnehmer ist in diesem Zeitraum weiterhin arbeitsunfähig krankgeschrieben. Er erhält in der Regel kein Gehalt, sondern Krankengeld von seiner Krankenkasse.

> Alle von Ihnen im Rahmen eines BEM offenbarten Informationen unterliegen der Schweigepflicht und müssen von den Beteiligten streng vertraulich behandelt werden. Es dürfen auch keinerlei Details über das BEM oder die Art Ihrer Erkrankung in Ihre Personalakte Eingang finden.

Damoklesschwert Kündigung

Viele denken, dass Krankheit vor Kündigung schützt. Das ist leider ein Irrglaube. Dauert Ihre Erkrankung lange an und helfen auch alle möglichen Maßnahmen aus dem Betrieblichen Wiedereingliederungsmanagement nicht, darf Ihr Arbeitgeber über eine Kündigung nachdenken. Das Kündigungsschutzgesetz spannt hier leider kein Netz unter kranken Arbeitnehmern. Die konkreten Voraussetzungen, die für eine solche personenbedingte Kündigung vorliegen müssen, sind allerdings ziemlich streng.

Drei Voraussetzungen müssen (gleichzeitig!) vorliegen, damit eine Kündigung wegen Krankheit zulässig ist:

1. Der Arbeitnehmer hat eine negative Gesundheitsprognose, d. h., sein Zustand wird sich auch in Zukunft nicht bessern. Hier muss sich der Arbeitgeber auf konkrete Tatsachen beziehen, die diese Annahme rechtfertigen. Sie müssen zum Zeitpunkt der Kündigung vorliegen.
2. Die aufgrund der Krankheit zu erwartenden Fehlzeiten müssen zu einer erheblichen Beeinträchtigung der Arbeitgeberinteressen führen. Das ist der Fall, wenn dadurch der Betriebsablauf wesentlich gestört wird oder wenn die Lohnfortzahlung eine unzumutbare wirtschaftliche Belastung für den Arbeitgeber ist.
3. Vor der Kündigung muss der Arbeitgeber eine umfassende Interessenabwägung durchführt haben. Seiner eigenen Beeinträchtigung (siehe oben) müssen die Interessen des erkrankten Arbeitnehmers (Dauer der Betriebszugehörigkeit, Fehlzeiten, Lebensalter, Ursachen der Erkrankung) gegenübergestellt worden sein. Indiz dafür, dass die Interessenabwägung ausreichend war, ist das BEM, aber nur, wenn es ordentlich durchgeführt wurde.

Wenn Ihre Krankheit zu einer Schwerbehinderung geführt hat

Wenn Sie wegen einer schweren Krankheit pausiert haben, die Sie auch auf Dauer beeinträchtigen wird, kommt vielleicht ein Antrag auf Anerkennung einer Schwerbehinderung in Betracht. Wird eine Schwerbehinderung anerkannt oder wird Ihnen eine entsprechende Gleichstellung dazu bescheinigt, genießen Sie mehr Schutz in Ihrem bestehenden Arbeitsverhältnis.

- Schwerbehinderte und ihnen Gleichgestellte haben Anspruch auf sog. berufliche Qualifizierungsmaßnahmen, vor allem dann, wenn sie aufgrund der zur Schwerbehinderung führenden Krankheit lange aussetzen mussten. Damit soll sichergestellt werden, dass sie nach der Pause wieder auf den neuesten Stand bzw. besser mit der Arbeit zurechtkommen. Auskunft über eine mögliche finanzielle Förderung für diese Maßnahmen erteilt das zuständige Integrationsamt.
- Ihr Arbeitgeber muss Ihren Arbeitsplatz behindertengerecht umgestalten oder Ihnen, wenn das nicht möglich ist, eine andere Arbeit zuweisen. Eventuell kommt auch eine Reduzierung der Arbeitszeit in Betracht oder ein Recht auf die Arbeit von zu Hause aus, wenn das möglich ist. Welche Maßnahme erforderlich ist, ist eine Frage des Einzelfalls.
- Es gilt ein Sonderkündigungsschutz. Er bedeutet zwar nicht, dass Sie fortan unkündbar sind. Allerdings wird dem Arbeitgeber die Kündigung sehr schwer gemacht: Er braucht dann nämlich die Zustimmung des Integrationsamtes zu der geplanten Kündigung.
- Schwerbehinderte mit einem Grad der Beeinträchtigung von mehr als 50 erhalten Zusatzurlaub.

Umschulung: wenn es künftig etwas anderes sein soll

Es gibt viele Menschen, die nach einer längeren beruflichen Pause nicht mehr zu ihrem ehemaligen Arbeitgeber zurückkehren, z. B. weil sie ihren Beruf nicht mehr ausüben wollen oder können. Letzteres kann gesundheitliche Gründe haben, wie z. B. eine Allergie gegen Chemikalien, oder persönliche Gründe, so z. B. wenn durch die Auszeit offensichtlich wurde, dass der alte Job einfach nicht der richtige ist. Dann gibt es Berufsbilder, die sich durch den technischen Fortschritt schnell verändern oder gar in »Luft auflösen«, so dass nach einer etwas längeren Auszeit keine oder kaum noch Nachfrage für die ursprüngliche Tätigkeit besteht. In all diesen Fällen sollten Sie über eine Umschulung nachdenken.

Mehr Chancen auf dem Arbeitsmarkt durch Umschulung

Wer Umschulung hört, denkt automatisch sofort an Langzeitarbeitslosigkeit und Schlangen auf den Fluren der Arbeitsagentur oder des Jobcenters. Dabei ist Umschulung per se ein recht neutraler Begriff. Er heißt nichts anderes, als dass jemand, der bereits einen Beruf hat, einen weiteren lernt, weil ihm der erste zum Broterwerb nichts oder nur noch wenig bringt. Eine Umschulung ist also eigentlich eine zweite Ausbildung.

Wenn Sie bestimmte Voraussetzungen erfüllen, müssen Sie deren Kosten nicht selbst tragen. Und genau bei dieser Finanzierung kommt die Arbeitsagentur ins Spiel. Sie kann Ihnen bei der oft sehr kostenintensiven Umschulung finanziell unter die Arme greifen, wenn folgende Voraussetzungen vorliegen.

- Sie sind mindestens 18 Jahre alt und haben bereits eine Berufsausbildung durchlaufen, die jedoch nicht unbedingt abgeschlossen worden sein muss.
- Sie können nicht (mehr) im Erstberuf arbeiten. Die Behörden akzeptieren hierfür in der Regel gesundheitliche Gründe, z. B. Berufskrankheiten oder psychische Probleme, die es dem Betroffenen unmöglich machen, im alten Beruf zu arbeiten. Aber auch sehr schlechte Zukunftsaussichten in einer Branche sind ein legitimer Grund.
- Im angestrebten Beruf ist die Beschäftigungslage so gut, dass Sie dort aller Wahrscheinlichkeit nach einen Job finden werden und so Ihre (drohende) Arbeitslosigkeit abwenden können.

> Auch wenn diese Voraussetzungen alle vorliegen, heißt das noch lange nicht, dass Sie ein unbedingtes Recht auf Förderung haben. Sie liegt im Ermessen des Sachbearbeiters. Sie müssen ihn also davon überzeugen, dass Sie auf jeden Fall förderungswürdig sind. Bereiten Sie sich auf den Termin entsprechend gut vor.

Hat die Arbeitsagentur Ihren Antrag auf Förderung der Umschulung bewilligt, kann es sein, dass der Staat für Sie die gesamten Kosten in der Zeit der Umschulung übernimmt, also z. B. die Lehrgangs-, die Reise- und Übernachtungskosten sowie die

Kosten für die Kinderbetreuung. Unter Umständen werden sogar die Lebenshaltungskosten gezahlt. Das ist natürlich eine große Hilfe für Umschüler, denn Umschulungsmaßnahmen sind sehr teuer. Rechnet man zu den Ausbildungskosten noch bescheidene Unterhaltskosten von ca. 1.000 Euro im Monat, kommt schnell eine Summe von 35.000 Euro oder mehr zusammen.

Wo und wie kann man die Förderung beantragen?

Die Förderung der Umschulung können Sie bei der für Sie örtlich zuständigen Arbeitsagentur beantragen. Der Antragstellung geht immer ein Beratungsgespräch voraus. Je besser Sie sich darauf vorbereiten, desto größer sind die Chancen, dass eine Förderung bewilligt wird. Die folgenden Tipps helfen dabei:

- Sie sollten dem Sachbearbeiter belegen können, dass Sie genau wissen, was Sie wollen. Ihren Willen, genau diesen Job und keinen anderen erlernen zu wollen, können Sie z.B. durch einschlägige Praktika oder Aushilfsjobs im neuen Berufsfeld nachweisen.
- Wählen Sie nach Möglichkeit eine Umschulung zu einem Beruf, der eine große Zukunftsperspektive hat. Je größer der Arbeitskräftemangel in einem Berufsfeld ist, desto höher sind Ihre Chancen auf eine Förderung.
- Sammeln Sie überzeugende Argumente dafür, warum Sie nicht mehr in Ihrem alten Beruf arbeiten können. Je besser die Anstellungschancen für diesen Job sind, desto überzeugender müssen Sie vertreten, warum Sie darin nicht mehr arbeiten wollen.

Umschulung wegen einer Krankheit

Krankheiten, insbesondere schwere, führen oft zu weitreichenden Umwälzungen im Leben. Haben Sie während Ihrer Erkrankung festgestellt, dass Sie Ihren alten Beruf nicht mehr ausüben können, müssen Sie sich komplett neu orientieren.

Wenn Ihr alter Beruf der Auslöser für Ihre Erkrankung war, dann ist die gesetzliche Rentenversicherung oder in bestimmten Fällen die Berufsgenossenschaft für die Finanzierung der Umschulungsmaßnahme zuständig. Entsprechende Finanzierungsanträge müssen bei diesen Stellen eingereicht werden. Zuvor muss jedoch feststehen, dass Sie aus gesundheitlichen Gründen nicht mehr in der Lage sind, Ihren alten Job auszuüben. Das geschieht über ein Gutachten, das die Rehabilitationsabteilung der Arbeitsagentur gemeinsam mit einem Amtsarzt oder Spezialisten, wie z. B. einem Psycho- oder Neurologen, erstellt. Finanziert wird eine Umschulung als berufliche Rehabilitationsmaßnahme aber nur, wenn Sie mit dem angestrebten Beruf eine Chance auf dem Arbeitsmarkt haben.

> Auch die Unfallversicherung finanziert unter bestimmten Voraussetzungen Umschulungsmaßnahmen. Sie kommt als Leistungsträger in Betracht, wenn Sie Ihren bisherigen Beruf aufgrund eines Unfalls nicht mehr ausüben können.

Weiter- und Fortbildung: besser werden im aktuellen Beruf

Oftmals sind Ihre Jobaussichten am besten, wenn Sie sich aufbauend auf Ihrer Berufsausbildung und -erfahrung weiterqualifizieren. Während man bei einer Umschulung einen neuen Beruf erlernt, zielen Weiterbildungen eher auf die Auffrischung, Erweiterung oder Anpassung bereits erworbener Kenntnisse ab. Oft werden Fort- und Weiterbildungen in einen Topf geworfen, was nicht richtig ist.

- Die Fortbildung dient der Weiterqualifizierung im erlernten Beruf auf eine höhere Ebene. Klassische Beispiele: Jemand, der in seinem Handwerksberuf Geselle ist, macht eine Fortbildung zum Meister. Ein Techniker lässt sich zum staatlich geprüften Techniker fortbilden.
- Bei einer Weiterbildung geht es demgegenüber darum, die vorhandene Ausbildung auf den neuesten Stand zu bringen oder eine Brücke zu schlagen in einen neuen Bereich.

Welche finanziellen Hilfen gibt es?

Weiter- und Fortbildungsmaßnahmen dauern nicht so lange und sind meist nicht so aufwendig wie Umschulungen. Sie kosten dementsprechend weniger. Die Aussichten auf eine Finanzierung durch den Staat sind aus diesen Gründen auch deutlich besser. Kehren Sie in Ihr altes Unternehmen zurück, finanziert unter Umständen auch Ihr Arbeitgeber eine Weiterbildung.

Es gibt zahlreiche Möglichkeiten, sich eine Weiter- bzw. Fortbildung finanzieren zu lassen. Viele Bundesländer bieten unterschiedliche Förderprogramme an. Auskünfte erteilen neben dem Arbeitsamt auch spezielle (Frauen-)Beratungsstellen und die Anbieter der Weiterbildungskurse. Die folgende Übersicht zeigt die wichtigsten bundesweit geltenden Fördermöglichkeiten auf.

- **Bildungsgutschein:** Den Anspruch auf einen Bildungsgutschein haben nur Arbeitslose oder von Arbeitslosigkeit Bedrohte. Er wird von der Arbeitsagentur des Wohnortes ausgestellt. Wer über so einen Gutschein verfügt, kann ihn bei Weiterbildungsträgern einlösen mit der Folge, dass die Kosten der Weiterbildung und zusätzlich eventuell Fahrt- und Übernachtungskosten vom Staat übernommen werden.
- **Bildungsprämie:** Wenn Sie das 25. Lebensjahr vollendet haben und durchschnittlich mindestens 15 Stunden pro Woche erwerbstätig sind oder sich in Eltern- oder Pflegezeit befinden und Sie über ein Jahreseinkommen von max. 20.000 Euro (als gemeinsam Veranlagte 40.000 Euro) verfügen, können Sie eine Bildungsprämie beantragen. Der Staat zahlt dann einen Zuschuss von 50 Prozent zur Weiterbildung, allerdings begrenzt auf die Höchstsumme von 500 Euro. Nähere Informationen gibt es unter www.bildungspraemie.info.
- **Aufstiegs-Bafög:** Wer sich mittels einer Teilzeit- oder Vollzeitmaßnahme auf eine anspruchsvolle Fortbildungsprüfung vorbereitet, kann seit Herbst 2016 das sog. Aufstiegs-Bafög beantragen und damit Zuschüsse zu Lehrgangs- und Prü-

fungsgebühren bis zu einer Höhe von 15.000 Euro erhalten. Zusätzlich gibt es auf Antrag ein günstiges Bankdarlehen, dass bei Prüfungserfolg teilweise erlassen wird. Bei Vollzeitmaßnahmen können Sie zusätzlich einen Beitrag zum Lebensunterhalt erhalten – und das alles einkommensunabhängig. Mehr Infos unter www.aufstiegs-bafoeg.de.

- **IFlaS (Initiative zur Flankierung des Strukturwandels):** Haben Sie keine Berufsausbildung oder waren Sie lange Zeit nicht in Ihrem erlernten Beruf tätig, können Sie für Weiterbildungsmaßnahmen finanzielle Unterstützung vom staatlichen Förderprogramm IFlaS erhalten. Sowohl arbeitslose Personen wie auch von Arbeitslosigkeit bedrohte Personen, aber auch Berufsrückkehrer und Wiedereinsteigerinnen können davon profitieren. Gefördert werden damit abschlussorientierte und berufsanschlussfähige Qualifizierungsmaßnahmen. Die Förderung wird über die Arbeitsagentur angeboten.

Finanzierung durch den Arbeitgeber

Diejenigen, die nach einer längeren Auszeit in ein Unternehmen zurückkehren, erkennen oft schnell, dass sich im Job viel getan hat. Ein neues Softwareprogramm, neue Produktionsabläufe und viele Änderungen mehr bringen den Wiedereinsteiger rasch an seine Grenzen. Ohne Zusatzqualifizierung kann dann der alte Job nicht ausgeübt werden. Ist dem so, muss der Arbeitgeber die Weiterbildung zahlen. Ebenso, wenn er eine Qualifizierung anordnet. Findet die Weiterbildung nicht am Arbeitsort statt, muss der Arbeitgeber die Kosten für die An- und Abreise und notwendige Übernachtungen ebenfalls übernehmen und auch die Überstunden vergüten, sofern es sich z.B. um ein Wochenendseminar handelt. Anders ist es, wenn die Weiterbildung auf Ihre Initiative zurückgeht. Ihr Arbeitgeber muss dann nicht für die Maßnahme zahlen. Vielleicht können Sie ihn aber trotzdem durch geschickte Argumente zu einer Kostenübernahme bewegen. Schließlich profitiert auch er davon, wenn Sie sich weiterqualifizieren.

Weiterbildung ohne Förderung?

Wer keine öffentliche Förderung oder einen finanziellen Zuschuss vom Arbeitgeber erhält, muss sich notgedrungen damit auseinandersetzen, wie er die Finanzierung selbst stemmen kann. Nicht alle Weiterbildungen kosten ein Vermögen. Es gibt günstige Anbieter wie die IHK. Zudem bieten Volkshochschulen kostenlose oder sehr preiswerte Kurse an und es gibt Fernlernkurse, bei denen man sich die Übernachtungs- und Reisekosten spart. Bedenken Sie, was Sie langfristig durch die Qualifizierung gewinnen, persönlich und finanziell durch ein höheres Gehalt. Oftmals amortisiert sich eine Weiterbildung innerhalb relativ kurzer Zeit.

> Der Markt für Weiter- und Fortbildungen ist riesig. Prüfen Sie, ob die berufliche Neuorientierung zu Ihrer Lebenssituation passt. Wer auch künftig wegen der Kinder oder eines zu pflegenden Angehörigen beruflich kürzertreten muss bzw. will, für den sind bestimmte Weiter- oder Fortbildungen ungeeignet. So ist z.B. eine Fortbildung im Management für Teilzeitkräfte wenig zielführend, denn Jobs im Management gibt es meist nur für Angestellte, die Vollzeit arbeiten.

Der Antrag auf Förderung

Erst wenn Sie sich darüber klargeworden sind, in welche Richtung Sie gehen wollen, sollten Sie einen Beratungstermin bei der zuständigen Stelle vereinbaren. Vor allem die Berater bei der Agentur für Arbeit haben wenig Zeit für ausführliche Informationsgespräche und ein mittlerweile sehr begrenztes Budget für Förderungen. Sie wägen sehr genau ab, welche ihrer Kunden sie mit einer Maßnahme unterstützen. Wenn Sie wenig informiert in das Gespräch gehen, kann es gut sein, dass Sie keine finanzielle Hilfe bekommen. Wenn Sie aber einen konkreten Plan vorlegen können, wie Ihr zukünftiger beruflicher Weg aussehen soll, wird man Ihnen eher zutrauen, ihn auch konsequent zu gehen, und Sie dabei unterstützen.

Die Bewilligung einer Fort- bzw. Weiterbildungsmaßnahme ist in der Regel eine sog. Kannleistung. Sie liegt im Ermessen der Behörde; Sie haben also keinen Anspruch darauf. Eine Ausnahme bildet hier die berufliche Rehabilitation: behinderte oder von Behinderung bedrohte Menschen haben bei Vorliegen bestimmter Voraussetzungen einen gesetzlichen Anspruch auf Unterstützung.

Sie können überlegen, ob Sie gegen einen ablehnenden Bescheid Widerspruch einlegen. In diesem Fall sollten Sie unbedingt die im behördlichen Schreiben angegebene Widerspruchsfrist beachten. Haben Sie den Widerspruch innerhalb dieser Frist eingelegt, wird Ihr Anliegen von nächsthöherer Stelle noch einmal gründlich geprüft. Außerdem können Sie überlegen, welche anderen Träger es noch gibt, an die Sie sich mit einem Antrag wenden können (siehe hierzu weiter oben).

Exkurs: Selbst ist die Frau bzw. der Mann – autodidaktisches Lernen

Es wird häufig unterschätzt, wie viel sich Menschen selbst beibringen können, wenn sie die notwendige Motivation dazu mitbringen. Lernmaterialien gibt es kostenlos in allen öffentlichen Bibliotheken. Für viele Themen sind gebrauchte Fachbücher im Umlauf. Sie können diese über einschlägige Secondhand-Webseiten, so z. B. www.medimops.de oder www.findmybook.de, oder auch über Amazon für wenige Euro erwerben.

Lernen via Internet

Darüber hinaus gibt es unzählige Quellen für Fachthemen, oftmals didaktisch hervorragend aufbereitet, im Internet. Täglich wächst dort der Pool an Wissen an. Viele Menschen und Institutionen stellen sogar komplette Online-Kurse kostenfrei ins Netz. Vor allem im Bereich Fremdsprachen und Programmieren gibt es inzwischen online hochwertige Angebote, die Sie praktisch keinen Cent kosten, so z. B. über die Video-Plattform YouTube. Auch wenn viele Anbieter dabei nicht völlig uneigennützig handeln und man für spätere Marketingmaßnahmen sicher Ihre Anmeldedaten haben will: Vielleicht ist etwas für Sie dabei, dass Sie interessiert und Sie weiterqualifizieren würde.

Es kann ein guter erster Schritt sein, sich Kenntnisse selbst anzueignen. Sind Sie erst einmal im Thema, können Sie weiter darauf aufbauen und versuchen, Praxiserfahrungen zu sammeln. Auch eine spätere Zertifizierung ist dann oft einfacher und in kürzerer Zeit zu erlangen.

> In Eigenregie erworbene Kenntnisse gehören in einen Lebenslauf, insbesondere, wenn sie solide sind und zur angestrebten Stelle passen. Viele Arbeitgeber haken hier interessiert nach, weil Autodidakten in der Regel hohe Eigenmotivation und Willenskraft mitbringen.

Ihre Ansprüche als Existenzgründer

Wenn Sie aus der Arbeitslosigkeit heraus ein Unternehmen gründen, also die Selbstständigkeit für sich wählen, kann es sein, dass Sie staatliche Zuschüsse dafür erhalten können.

Gründungszuschuss

Mit dem Gründungszuschuss fördert der Staat die Existenzgründung von Arbeitslosen. Er wurde eingeführt, um Betroffenen eine Möglichkeit zu geben, ihre Arbeitslosigkeit zu beenden. Während auf den Gründungszuschuss früher ein Anspruch bestand, wenn bestimmte Voraussetzungen vorlagen, ist es jetzt von der Ermessensentscheidung des Sachbearbeiters bei der Agentur für Arbeit abhängig, ob Sie ihn erhalten.

- Mindestvoraussetzung ist, dass Sie zum Zeitpunkt der Aufnahme der selbstständigen Tätigkeit mindestens 150 Tage Anspruch auf ALG I haben. Das heißt, Sie müssen mindestens einen Tag arbeitslos sein und innerhalb der letzten zwei Jahre mindestens ein Jahr angestellt gewesen sein.

Kündigen Sie Ihren bisherigen Job selbst – verschulden Sie also quasi Ihre Arbeitslosigkeit –, dann gilt eine Sperrfrist für das Arbeitslosengeld und damit auch für den Gründungszuschuss.

- Eine weitere Voraussetzung ist, dass Ihre Geschäftsidee so tragfähig ist, dass Sie auf Dauer davon leben können. Sie brauchen dafür einen einfachen, aber gut durchdachten Businessplan, der von einer fachkundigen Stelle abgesegnet ist, so z. B. der IHK oder der Handwerkskammer, einem Steuerberater, Wirtschaftsprüfer oder der Hausbank. Im Internet gibt es kostenlose Vorlagen für Businesspläne, so z. B. unter www.gründerblatt.de.
- Weiterhin muss der Gründer seine persönliche und fachliche Eignung für die Selbstständigkeit darlegen, z. B. über Qualifikationsnachweise oder die Teilnahme an Maßnahmen zur Vorbereitung der Gründung.

Wenn Sie diese Voraussetzungen erfüllen, können Sie bis zu 18.000 Euro Zuschuss erhalten. In den ersten sechs Monaten der Existenzgründung bekommen Sie Ihr ALG I als Grundförderung. Obendrauf gibt es 300 Euro Gründerzuschuss. Nach dieser Phase können Sie bis zu neun Monate mehr beantragen. Bewilligt wird diese Anschlussförderung, wenn Sie das Arbeitsamt davon überzeugen können, dass Ihr neu gegründetes Business Zukunftsperspektive hat. Hier entfällt jedoch das ALG I; Sie bekommen in dieser Phase nur noch den Gründungszuschuss.

Einstiegsgeld

Bezieher von Arbeitslosengeld II (ALG II) können für ihre Existenzgründung bei der Agentur für Arbeit das sog. Einstiegsgeld beantragen. Ob sie es erhalten, steht im Ermessen des zuständigen Sachbearbeiters. Auch hier kommt es wie beim Gründungszuschuss auf einen tragfähigen Businessplan an. Einen Rechtsanspruch auf die Leistung haben Sie nicht. Es handelt sich um eine freiwillige Förderung, die deutlich unter dem Gründungszuschuss liegt. Sie berechnet sich auf der Grundlage Ihres monatlichen Regelbedarfs. Sie wird bis zu maximal 24 Monaten bewilligt und soll es Ihnen ermöglichen, die für die Selbstständigkeit notwendigen Anschaffungen zu tätigen.

Weitere Fördermöglichkeiten

Vielleicht müssen Sie ein Büro anmieten oder es ist ein Umbau erforderlich. Können Sie das benötigte Geld nicht aus privaten Mitteln vorschießen, müssen Sie einen Kredit aufnehmen. Zu günstigen Rückzahlkonditionen geht das über die staatliche Förderbank KfW (www.kfw.de). Die Beantragung dieser Darlehen läuft über die Finanzierungspartner der KfW, z. B. die Sparkassen oder Genossenschaftsbanken. Darüber hinaus gibt es vielfältige Förderangebote auf lokaler Ebene oder auf der Ebene einzelner Bundesländer. Auskunft erteilt die IHK. Hier bekommen Sie viele Adressen und Kontakte, die für Existenzgründer in Ihrer Region wichtig sind.

Auf dem Weg zum neuen Job

Neue Jobs fallen nicht vom Himmel. Sie zu ergattern ist harte Arbeit, vor allem für diejenigen, deren Lebenslauf eine berufliche Pause enthält. Doch mit einer cleveren Bewerbungsstrategie lässt sich auch diese Hürde überwinden.

In diesem Kapitel erfahren Sie u. a.,

- warum Sie sich selbst zunächst besser kennenlernen sollten,
- wo Sie einen passenden Job finden,
- wie Sie sich in Ihrer Bewerbung optimal darstellen.

Entscheidungshilfen

Für viele Menschen entpuppt sich eine berufliche Pause als Anlass, sich neu zu orientieren. Und die Auszeit ist auch in der Tat ein guter Zeitpunkt dafür, genau das zu tun, denn

- Ihr Lebenslauf enthält ohnehin eine Zäsur,
- Sie haben Abstand gewonnen und können daher gut andere Perspektiven einnehmen,
- Sie sind raus aus dem Hamsterrad des Berufsalltags und haben etwas mehr Zeit, sich mit sich selbst zu beschäftigen,
- Sie oder Ihre Bedürfnisse haben sich durch die berufliche Pause möglicherweise verändert.

Ihre Fähigkeiten

Auch wenn es für viele Menschen glasklar ist, dass es nicht mehr der bisherige Job sein soll, heißt das noch lange nicht, dass sie wissen, in welche Richtung es jetzt gehen soll. Wir verbringen viel wertvolle Lebenszeit mit unserer Arbeit und sollten uns etwas suchen, was wirklich gut zu uns passt. Doch wie lässt sich das herausfinden?

Ihre Fähigkeiten und Talente sind die Grundbausteine jeder beruflichen Tätigkeit. Wir Menschen haben unzählige Fähigkeiten. Viele davon sind uns gar nicht bewusst. Das hängt damit zusammen, dass gerade unsere größten Talente uns als völlig selbstverständlich erscheinen. Wir gehen schlicht davon aus, dass andere das auch können.

Erfolgsbeispiele analysieren

Eine effektive Methode, den eigenen Fähigkeiten auf die Spur zu kommen, ist es, uns unsere Erfolgserlebnisse einmal näher anzusehen: Schreiben Sie dazu möglichst viele Situationen und Geschichten aus Ihrer Vergangenheit auf, die in irgendeiner Weise als erfolgreich gewertet werden können. Es spielt keine Rolle, ob sie aus dem beruflichen oder dem privaten Kontext stammen. Der Fokus sollte dabei auf Situationen liegen, die Sie gerne erlebt haben, auf die Sie vielleicht sogar stolz sind. Das kann z. B. sein

- ein Projekt im letzten Job, das Sie zum Erfolg geführt haben,
- ein Konflikt mit einem Kollegen, den Sie konstruktiv gelöst haben,
- eine schöne Party, die Sie organisiert haben.

Wichtig ist, dass Sie sehr konkret und Schritt für Schritt beschreiben, was passiert ist und wie Sie zum positiven, erfolgreichen Ausgang der Situation beigetragen haben.

Überlegen Sie danach, auf welche Fähigkeiten Ihre Geschichten schließen lassen. Welche Kompetenz hat zum Erfolg beigetragen? Notieren Sie sich dazu Stichworte, z. B.: beraten, präsentieren, Prozesse verbessern, Budgets kalkulieren usw. Wenn Sie es schwierig finden, auf Begriffe zu kommen, zeigen Sie die

Geschichten einer vertrauten Person. Sie wird sicher Ideen haben, die Ihnen weiterhelfen.

Feedback von anderen einholen

Fähigkeiten und Talente bei anderen zu sehen, fällt uns relativ leicht. Bei uns selbst sind wir hingegen oftmals ziemlich »betriebsblind«. Gerade weil wir unsere Qualitäten nicht klar vor Augen haben, brauchen wir Feedback von anderen. Fragen Sie Freunde, Verwandte, Ex-Arbeitskollegen, denen Sie vertrauen:

- In welcher konkreten Situation würdest du mich um Hilfe bitten?
- Was kann ich aus deiner Sicht besonders gut?
- Welche Probleme kann ich deiner Meinung nach besonders gut lösen?

Sie können die Fragen per Mail an mehrere Personen schicken und um ein paar kurze Antworten bitten. Erklären Sie, dass Sie die Antworten für Ihre berufliche Weiterentwicklung brauchen. Andere helfen meist sehr gerne, wenn sie verstehen, dass es wichtig ist.

Alte Tätigkeitsprofile durchforsten

Sie können Ihre bisherigen Jobs und Aufgaben durchgehen und systematisch Ihre Tätigkeiten dabei notieren. Denken Sie auch an Extra-Aufgaben und Nebentätigkeiten sowie Ehrenämter.

Die Fähigkeiten-Liste

Eine umfangreiche Liste zu möglichen Fähigkeiten finden Sie auf haufe.de/mybook nach Eingabe des Codes TGA-HL12 in der Rubrik »Recht & Geld«. Drucken Sie sie aus und kreuzen Sie spontan die auf Sie zutreffenden Merkmale an.

Ihr Kompetenzprofil: Was sind Ihre wichtigsten Fähigkeiten?

Wichtig ist nun, Ihre Ergebnisse aus all den vorherigen Analysen in eine verwertbare Reihenfolge zu bringen. Denn nicht alles, was wir gut können, tun wir auch wirklich gern. Versuchen Sie herauszufinden, was die Top Ten oder Top 15 Ihrer Fähigkeiten sind. Welche Ihrer Fähigkeiten würden Sie gerne tagtäglich in Ihrem Job einsetzen?

> Ihre Talente zu kennen, ist ein unschätzbarer Vorteil bei der Jobsuche. Wenn Sie einen Arbeitsplatz finden, bei dem Sie Ihre favorisierten Fähigkeiten einsetzen können, sind die Chancen hoch, dass Sie erfolgreich sein werden – und langfristig Zufriedenheit darin finden.

Ihre Lieblingsthemen und Leidenschaften

Welche Bereiche interessieren Sie; wofür schlägt Ihr Herz? Worüber lesen oder reden Sie gerne? Sammeln Sie alle Themen, die Ihnen dazu einfallen, wie z. B. Ernährung, Sport, Personalentwicklung, Umweltschutz etc. Bilden Sie auch hier eine Liste mit Ihren persönlichen Top Ten.

Nehmen Sie nun Ihre Top-Ten-Liste zur Hand und überlegen Sie: Welche Branchen oder Unternehmen gibt es, die mit diesen Themenfeldern zu tun haben? So können Sie Ihre favorisierten Themen mit den wichtigsten Fähigkeiten kombinieren. Dadurch ergeben sich viele Möglichkeiten.

BEISPIEL

Gina Ott ist zertifizierte Fremdsprachensekretärin. Sie hat viele Jahre lang erfolgreich, aber relativ unzufrieden in einer Spedition gearbeitet. Nach ihrer Elternzeit beginnt sie ein Studium im Bereich Modedesign, um ganz neu durchzustarten. Nach kurzer Zeit merkt sie, wie unwohl sie sich in dem Studium fühlt. Das Handwerkliche liegt ihr wenig und die Konkurrenz unter den Studierenden ist sehr hoch. Sie entscheidet sich, das Studium abzubrechen, und findet einen Job als Assistenz der Geschäftsführung in einem Online-Modeversand-Unternehmen. Hier kann sie ihre Fähigkeiten im Bereich Büroorganisation mit dem Feld »Mode und Lifestyle«, ihrer Leidenschaft, verbinden.

Wichtig ist dabei, unsere Leidenschaften nicht zu schnell als Hobby-Themen abzutun. Vielen Menschen gelingt es, private Vorlieben mit Beruflichem zu verbinden.

- Die sportbegeisterte Physiotherapeutin betreut Profi-Fußballer des 1. FC St. Pauli.
- Der Projektmanager aus dem Finanzbereich organisiert Projekte einer großen Umweltschutzorganisation.
- Die kinderliebe Restaurant-Köchin kocht für Kitas.

Hier ist manchmal viel Denk- und Forschungsarbeit nötig und vor allem ein Blick über den Tellerrand. Aber das lohnt sich! Warum sollen wir die vielen Stunden unseres Arbeitslebens mit

Tätigkeiten und Themen verbringen, die uns wenig bedeuten und noch weniger interessieren?

> Es ist wissenschaftlich erwiesen, dass wir leistungsfähiger und erfolgreicher werden sowie gesünder bleiben, wenn wir unseren Neigungen folgen. Außerdem wirken Menschen, die aus ihrer Berufung einen Beruf machen wollen, sehr überzeugend auf andere – insbesondere auf potenzielle Arbeitgeber im Bewerbungsgespräch.

Der »Reality-Check«

Bevor Sie sich für einen neuen beruflichen Weg entscheiden, sollten Sie Ihre Idee kritisch überprüfen. Manchmal entwickeln wir eine (Wunsch-)Vorstellung von Dingen, die der Realität bei näherer Betrachtung nicht standhält. Eine sehr gut geeignete Methode, mehr über den Job Ihrer Träume zu erfahren, ist es, mit Menschen darüber zu sprechen, die es wissen müssen. Finden Sie Personen, die genau diese Tätigkeit ausüben. Am besten treffen Sie sie persönlich, vielleicht sogar an ihrem Arbeitsplatz. Dann sehen und erleben Sie auch die Arbeitsumgebung, die Atmosphäre und bekommen einen umfassenderen Eindruck von dem Berufsfeld. Den intensivsten Zugang zu Menschen, die Ihren Traumberuf ausüben, erhalten Sie natürlich über ein Praktikum.

Vier Fragen, die Ihnen weiterhelfen

Es gibt bestimmte Interview-Fragen, mit denen Sie in kürzester Zeit nützliche Informationen aus Ihrem Gesprächspartner herauskitzeln können.

Leitfaden für informelle Job-Gespräche	
1.	Was sind die Tätigkeiten in diesem Job?
2.	Was mögen Sie am meisten an Ihrem Job?
3.	Was mögen Sie am wenigsten an Ihrem Job?
4.	Welche Fähigkeiten braucht man für diese Tätigkeit?

(angelehnt an Richard N. Bolles, Durchstarten zum Traumjob, Campus 2012, S. 215 f.)

Je mehr Menschen Sie befragen können, die in Ihrem Wunschjob arbeiten, desto besser.

- Sie vermeiden damit Fehlentscheidungen.
- Sie bauen Ihr Netzwerk aus. In der Regel wird Ihr Interview-Partner das Gespräch in positiver Erinnerung behalten. Die meisten Menschen erzählen gerne von sich und genießen es, wenn sie einen aufmerksamen Zuhörer finden.
- Wenn Sie den Reality-Check gründlich durchführen, werden Sie Insider-Wissen aufbauen. Sie lernen automatisch die Sprache und Kultur der jeweiligen Firma oder Branche. Dadurch können Sie im späteren Bewerbungsprozess viel überzeugender auftreten.

Die Suche nach einer neuen Herausforderung

Bei der Suche nach einem neuen Job gibt es unterschiedliche Wege, die zum Ziel führen können. Dabei sind die naheliegenden Strategien nicht immer die, die am meisten Erfolg versprechen.

Der offene Stellenmarkt

Der offene Stellenmarkt umfasst alle vakanten Stellen, die online oder offline in den Medien ausgeschrieben sind.

Printmedien

Der Blick in die Zeitung kann sich auch im Zeitalter des Internets noch lohnen. Suchen Sie die Samstagsausgaben verschiedener regionaler oder überregionaler Zeitungen gründlich auf einschlägige Stelleninserate durch. Schnell finden Sie so heraus, ob die für Sie interessanten Branchen nach wie vor in den Printmedien inserieren. Des Weiteren können Fachzeitschriften eine gute Quelle für Jobangebote sein. Viele Unternehmen platzieren ihre Inserate dort, da sie damit sehr gezielt Experten aus ihrem Bereich ansprechen können.

Stellen-Informations-Service (SIS) der Arbeitsagentur

Die Jobbörse der Bundesagentur für Arbeit ist riesig und vor allem dann für Sie interessant, wenn Sie eine Stelle im mittleren oder unteren Qualifikationssegment suchen. Viele kleinere Unternehmen schalten dort Anzeigen, weil sie sich eine andere Stellenausschreibung nicht leisten können oder wollen. Bevor Sie sich auf eine SIS-Inserat bewerben, ist es empfehlenswert, beim jeweiligen Arbeitgeber anzurufen und zu fragen, ob die Stellenausschreibung noch aktuell ist.

Stellenbörsen im Internet

Der Blick ins Internet ist für die meisten Jobsuchenden heute Standard. Die meisten Unternehmen schreiben ihre Stellen mittlerweile auch online aus. Sie finden diese auf den jeweiligen Homepages im Karriereteil, in den Online-Stellenmärkten der Zeitungen oder in Jobbörsen wie z.B. monster.de, www.stepstone.de, www.stellenmarkt.de, www.jobpilot.de oder www.jobscout24.de. Weiterhin gibt es viele Internet-Jobbörsen, die sich an bestimmte Branchen richten: www.pharmajobs.de oder www.info-med.de.

Der Vorteil der Online-Jobbörsen liegt auf der Hand: Blitzschnell und meist kostenlos können Sie sich mit wenigen Klicks einen Überblick über passende freie Stellen verschaffen. Aber Achtung: Das Internet suggeriert uns, dass alle Jobs, die es in einer bestimmten Region gibt, auch in den Online-Stellenbörsen zu finden sind. In Wirklichkeit ist das jedoch nicht der Fall (siehe hierzu auch den nächsten Abschnitt) Ein weiteres Problem ist die richtige Eingabe von Suchkriterien. Viele gehen davon aus, dass Arbeitgeber exakt dieselben Wörter als Stichpunkte oder als Jobbeschreibung vorgeben wie sie selbst. Das muss aber nicht sein. Wenn nur ein Wort oder ein Buchstabe anders ist, kann es sein, dass der Wunschjob nicht in der Suchergebnisliste angezeigt wird.

> Überschätzen Sie die Online-Stellenbörsen nicht. Wenn Sie dort nichts finden, heißt das noch lange nicht, dass es für Sie derzeit keine passenden Jobs gibt.

Der verdeckte Stellenmarkt

Der verdeckte oder informelle Stellenmarkt bezeichnet die Summe aller vakanten Stellen, für die Mitarbeiter gebraucht werden, die jedoch nirgendwo veröffentlicht sind. Es gibt keine zentrale Sammelstelle für freie Jobs und auch keine Verpflichtung, Inserate dafür zu schalten. Das Institut für Arbeitsmarktforschung hat herausgefunden, dass der Anteil der verdeckten Stellen etwa zwei Drittel aller Jobs ausmacht. Es existieren Schätzungen, dass dieses Verhältnis im akademischen Bereich sogar noch höher ist. Dort werden etwa drei Viertel aller Stellen nicht öffentlich ausgeschrieben. Was wir im Internet und in Printmedien finden, ist also tatsächlich nur die Spitze des Eisbergs aller Jobangebote. Es gibt mehrere Gründe, warum das so ist.

- Anzeigen zu schalten ist kostspielig.
- Die Vorbereitung der Ausschreibung, z. B. das Entwickeln eines professionellen Profils, und auch die Auswertung der Bewerbungen binden viele Mitarbeiterressourcen, die vor allem kleine Betriebe nicht haben.
- Ein Bewerberauswahlverfahren kann Wochen oder Monate dauern. So viel Zeit haben Unternehmen oft nicht, so vor allem, wenn akuter Personalmangel und Termindruck herrscht. In solchen Fällen greift man gerne auf vorhandene (Initiativ-) Bewerbungen oder Netzwerkkontakte zurück, die man kurzfristig und gezielt ansprechen kann.

Die meisten versuchen daher zuerst, Stellen informell zu besetzen: »Wen kennen wir schon?«, »Wer kennt jemanden, der die Aufgabe XY erfüllen kann?« Nur wenn diese Suche nicht von Erfolg gekrönt ist, wird der Job ausgeschrieben.

Ihr Weg in den verdeckten Stellenmarkt

Wie erfahren Sie nun am besten von Stellen, die nicht ausgeschrieben sind? Es gibt hier einige Möglichkeiten.

- **Netzwerken:** Die Königsdisziplin im Bewerbungsprozess ist das aktive Netzwerken. Viele Menschen glauben fälschlicherweise, sie verfügten nicht über das berühmte Vitamin B, dessen B für Beziehungen steht. Das ist ein Trugschluss. Jeder hat ein Netzwerk, das sich aus ehemaligen Kollegen, Chefs, Verwandten, Freunden, ehemaligen Studien- oder Ausbildungskollegen, Bekannten und Nachbarn zusammensetzt. Der Unterschied zwischen guten und weniger guten Netzwerkern liegt nicht in der Anzahl ihrer Kontakte, sondern vor allem in der Tatsache begründet, ob sie ihr vorhandenes Netzwerk klug nutzen. Dafür ist es erforderlich, Ihre Ideen und Vorstellungen aktiv zu kommunizieren. Sprechen Sie mit vielen Menschen darüber, was Sie vorhaben und welchen Job Sie suchen – so klar und prägnant wie möglich. Auf diese Weise können andere zu Botschaftern für uns werden, sich umhören und uns über mögliche Chancen informieren. Die meisten Menschen helfen gerne, sie müssen nur verstehen, wobei.

> Gutes Netzwerken ist immer ein Geben und Nehmen und keine Einbahnstraße. Helfen Sie anderen weiter, werden sie sich beizeiten daran erinnern und Ihnen wiederum Hilfe anbieten.

- **Präsent sein in Business-Netzwerken:** Über das Internet kann man hervorragend Kontakte knüpfen und pflegen. Im beruflichen Umfeld bieten sich Business-Netzwerke wie XING oder LinkedIn an. Erstellen Sie auf diesen Plattformen ein prägnantes, aussagekräftiges Profil und investieren Sie in ein gutes Foto. Wenn Sie dann noch die richtigen Schlagwörter zu Ihrem Jobprofil nennen, dann steigt die Wahrscheinlichkeit, dass potenzielle Arbeitgeber oder Headhunter Sie dort finden.
- **Fachkompetenz zeigen:** Machen Sie sich in Ihrer Branche einen Namen. Vielleicht gelingt es Ihnen, Beiträge in Fachzeitschriften zu platzieren. Noch einfacher können Sie auf Fachmessen, Kongressen oder Fortbildungen netzwerken. Nehmen Sie dort an Fachdiskussionen teil. Vielleicht haben Sie auch die Zeit, einen Blog zum Thema einzurichten. Ist das nicht möglich, können Sie auch für fachlich relevante Blogs Gastartikel verfassen. Man muss dazu kein Journalist sein und auch nicht mit bahnbrechenden Neuerungen aufwarten können. Oft reicht es bereits aus, ein Fachbuch zu besprechen. Noch einfacher ist es, die Artikel anderer kurz zu kommentieren oder zu ergänzen. Empfehlenswert ist, dieses in einem guten, wertschätzenden Stil zu tun und unter Ihrem echten Namen, damit man Sie später auch findet.
- **Initiative ergreifen:** Vor allem mittelständische oder kleinere Unternehmen freuen sich, wenn sie direkt von interessierten Bewerbern kontaktiert werden. Rufen Sie dort an, gehen Sie vorbei oder schicken Sie eine Initiativbewerbung.

Verzeichnisse über Unternehmen in Ihrer Region bekommen Sie über die IHK. Oder Sie hören sich in Ihrem Netzwerk um: Welches Unternehmen wird empfohlen? Initiativbewerbungen haben große Vorteile: Sie verschaffen sich damit einen klaren Wettbewerbsvorteil, denn nur ca. 5 % aller Bewerber nutzen diese Möglichkeit. Dahingegen bewerben sich 95 % der Bewerber auf die 25 bis 33 % veröffentlichten Stellen. Zusätzlich zeigen Sie damit Eigeninitiative und Engagement – zwei Merkmale, die Arbeitgeber an potenziellen Mitarbeitern immer schätzen.

Bevor Sie sich bewerben

Die meisten Personaler geben die Namen von interessanten Bewerbern in die Suchmaschinen des Internets ein, um einen näheren Eindruck von ihnen zu gewinnen. Bevor Sie auch nur eine Bewerbung versenden, sollten Sie sich selbst googlen. Das gilt vor allem, wenn Sie viel in der virtuellen Welt, so z. B. auf Facebook oder Twitter, unterwegs sind. Versetzen Sie sich in die Lage eines Arbeitgebers: Welchen Eindruck wird er dort von Ihnen bekommen?

BEISPIEL

Manuela Martin ist eine talentierte Grafikdesignerin mit einem hohen künstlerischen Anspruch. Nach der Geburt ihrer Tochter setzte sie für vier Jahre aus. Nun bewirbt sie sich auf verschiedene Teilzeitstellen in unterschiedlichen Agenturen. Sie erhält nur Absagen. Von einer Karriereberaterin bekommt sie den Tipp, sich doch auch einmal um ihr Auftreten in der digitalen Welt zu kümmern: Es gibt viele Fotos von ihr auf Facebook. Auf allen ist sie zusammen mit ihrer kleinen Tochter zu sehen. Sie kreiert dadurch ein sehr privates Bild von sich mit einem starken Fokus auf ihrer Rolle als Mutter. Manuela ändert die Privacy-Einstellungen ihres Facebook-Accounts. Nun sind die Bilder nur noch für ihre Freunde zugänglich. Zusätzlich entwickelt sie eine eigene Webseite, auf der sie frühere Arbeitsbeispiele zeigt. Sie ergänzt diese durch einige aktuelle Design-Entwürfe. Außerdem wird sie in einer XING-Gruppe aktiv, in der sie sich mit anderen Designern professionell austauscht. Daraus entstehen neue Kontakte und einer davon mündet schließlich in einen neuen Arbeitsvertrag.

Es gibt viele Möglichkeiten, auf Ihre digitale Spur im Netz Einfluss zu nehmen:

- Ändern Sie die Privatsphäre-Einstellungen Ihrer Social-Media-Accounts.
- Löschen Sie ungünstige Fotos, Videos und kritische Beiträge in Ihrem Blog, auf Ihrer Website oder auf YouTube.
- Sie können auch bei Google eine Löschung von Sucheinträgen erwirken, die sich auf Sie beziehen und veraltet oder falsch sind. Das gelingt mit Programmen wie z. B. Forget me.

Die schriftliche Bewerbung

Ihre schriftliche Bewerbung ist quasi die erste Arbeitsprobe, die ein potenzieller Arbeitgeber von Ihnen erhält. Sie sollten sie also mit großer Sorgfalt erstellen.

Wenn Sie nach einer längeren Pause Ihren Lebenslauf auf den neuesten Stand bringen müssen, ist das nicht an einem Abend getan. Nehmen Sie sich Zeit dafür und lassen Sie sich notfalls von anderen helfen. Ihren Einsatz wird man dem Ergebnis ansehen. Das lohnt sich, denn Arbeitgeber nehmen sehr genau wahr, wie viel Mühe in einer Bewerbung steckt. Sie schließen daraus, wie wichtig Ihnen der angestrebte Job ist und wie stark Sie sich darin engagieren würden.

Der Lebenslauf

Für den Aufbau eines Lebenslaufes gibt es viele unterschiedliche Varianten. Im Folgenden lernen Sie eine klassische Variante kennen, mit der Sie »nichts falsch machen« können.

Die Gliederung

Ihr Lebenslauf sollte zwei Seiten umfassen, nicht mehr und nicht weniger. Zusätzlich gibt es ein Deckblatt für Ihre persönlichen Daten und Ihr Bewerbungsfoto. Die beruflichen Stationen sollten Sie tabellarisch und in Blöcken darstellen. Gehen Sie dabei umgekehrt chronologisch vor: Starten Sie also nicht mit Ihrer Ausbildung, sondern mit Ihrer letzten beruflichen Station und gehen Sie dann schrittweise in die Vergangenheit. Aber Achtung: Dieser umgekehrt chronologische Aufbau kann unter bestimmten Bedingungen ungünstig für Wiedereinsteiger sein. Denn ist Ihre letzte Station eine längere berufliche Pause ohne (Neben-)Tätigkeiten, wie z. B. einer Weiterbildung oder einem Ehrenamt, sollte diese nicht in der obersten Zeile stehen. Überlegen Sie, ob Sie in solchen Fällen lieber mit Ihrem Berufsabschluss anfangen und dann chronologisch, also von der Vergangenheit bis in die Gegenwart, vorgehen.

Der Leser sollte Ihren Werdegang mit einem Blick erfassen können. Als Zeitangaben werden Monate und Jahre genutzt; nur Abschlussprüfungen werden mit dem genauen Datum versehen.

Berufliche Stationen

Für die Unternehmen besonders interessant sind natürlich Ihre bisherigen Berufserfahrungen. Gehen Sie daher möglichst konkret auf Ihre Tätigkeiten bei den jeweiligen Stationen ein. Je aktueller die Stelle ist, die Sie beschreiben, oder je mehr Relevanz sie hat für Ihren zukünftigen (Wunsch-)Job, desto ausführlicher sollte das geschehen. Schlagworte, wie z. B. »Projektmanagement im Messebau«, reichen dafür nicht – dahinter können sich unzählige Aufgabenstellungen verbergen. Überlegen Sie genau, welche Ihrer bisherigen Aufgaben für den potenziellen Arbeitgeber interessant sein könnten und fassen Sie sie in aussagekräftige Formulierungen, z. B. »Eigenverantwortliche Kundenbetreuung mit Schnittstellenfunktion«, »Umfassende Organisation sämtlicher Projektabläufe« und »Leitung von variierenden Teams bis zu 5 Mitarbeitern«. Die Beschreibung Ihrer früheren Jobs sollte informativ, aber kurz sein. Formulieren Sie keinesfalls ganze Sätze; Stichpunkte reichen aus und sind für den Leser auch einfacher zu erfassen.

Umgang mit Lücken im Lebenslauf

Die meisten Menschen haben heute den einen oder anderen Bruch, also eine Lücke, in ihrer Vita. Lücken von ein bis vier Monaten werfen meist keine Fragen auf. Größere Lücken sollten

Sie jedoch möglichst mit positiven Fakten füllen. Auch wenn Arbeitslosigkeit keine Schande ist: Vermeiden Sie dieses Wort in Ihrem Lebenslauf. Zählen Sie stattdessen berufsorientierte Aktivitäten in dieser Zeit auf, so z. B. eine Weiterbildung oder ein Praktikum. Können Sie das nicht, etikettieren Sie die Arbeitslosigkeit positiv als »berufliche Neuorientierung«.

Umgang mit einer Familienphase

Bei einer Elternzeit von einem Jahr oder weniger reicht eine einzige Zeile, so z. B. »03/15 – 02/16 in Elternzeit«, die Sie dezent eingerückt unter Ihrer letzten beruflichen Station platzieren können. Herausfordernder wird es, wenn Sie zugunsten Ihrer Familie länger pausiert haben, z. B. mehrere Jahre ohne feste Anstellung. Überschreiben Sie diese Phase z. B. mit »Erziehungsphase« oder »Familienmanagement«. Lenken Sie den Blick auf Ihre Aktivitäten in dieser Zeit:

- Nennen Sie Nebentätigkeiten, Ehrenämter, Ihr Engagement in Vereinen oder in der Schule und der Kita. Es kommt nicht darauf an, ob Sie für Ihr Engagement Geld bekommen haben. Nur die Aktivitäten an sich zählen. Sie müssen ein Ehrenamt noch nicht einmal als solches benennen, ebenso wenig, wie Sie die Begriffe *»aushilfsweise« oder »unbezahlt«* erwähnen müssen.
- Sehr gut macht sich als oberster Punkt auch eine Weiterbildung. Es macht nichts, wenn Sie diese gerade erst gestartet haben.

BEISPIEL

Lydia Schreiber findet nach acht Jahren Familienpause einfach keinen neuen Job. Sie ist ein zurückhaltender Typ und hat keine Aufgaben außerhalb der Familie übernommen, die sie in ihren Lebenslauf schreiben könnte. Über die Arbeitsagentur erkämpft sie sich eine Weiterbildung im IT-Bereich. Die Mutter einer Schulfreundin ihrer Tochter verschafft ihr ein Anschlusspraktikum. Dort zeigt sie großen Einsatz und erhält von ihrem Chef ein sehr positives Empfehlungsschreiben. Ihren Lebenslauf kann sie nun um Fortbildung, Praktikum und Empfehlungsschreiben ergänzen. Lydia wird jetzt von Arbeitgebern als Teil der Arbeitswelt wahrgenommen und ihre Bewerbungen erhalten eine bessere Resonanz.

- Ihre Familienphase sollte auch optisch nicht zu viel Platz auf dem Lebenslauf erhalten. Die beruflichen Tätigkeiten sollten deutlich überwiegen, selbst wenn sich das in den tatsächlichen Zeiträumen nicht widerspiegelt.

Stellen Sie sich als engagierte Berufstätige dar, deren beruflicher Werdegang lediglich von einer Familienphase unterbrochen wurde. Im Lebenslauf sollte deutlich werden, dass Sie die Aufgaben der angestrebten Position auch meistern können. Liegt der Fokus zu sehr auf dem Privaten, könnte ein potenzieller Arbeitgeber genau daran zweifeln.

Umgang mit einer Pflegephase

Haben Sie im letzten Job eine Pflegezeit genommen, können Sie in der obersten Zeile Ihres Lebenslaufs ganz einfach zunächst die berufliche Station mit deren Anfangs- und Enddatum nennen. Dass Sie einen Teil davon wegen der Pflegezeit nicht am Arbeitsplatz verbracht haben, können Sie dezent unter dem Block durch eine eingerückte Zeile darstellen: »07/16 – 02/17 Pflege eines schwer erkrankten Angehörigen«.

Haben Sie hingegen mehrere Jahre für die Pflege ausgesetzt, kommen Sie nicht umhin, dafür einen eigenen Punkt im Lebenslauf vorzusehen. Stellen Sie diesen Eintrag keinesfalls ganz nach oben, erwähnen Sie ihn dezent weiter hinten.

Setzen Sie, ähnlich wie bei einer Elternzeit, den Fokus nicht zu stark auf den privaten Bereich. Betonen Sie stattdessen Nebentätigkeiten, Urlaubsvertretungen oder setzen Sie als obersten Punkt eine Weiterbildung ein.

Umgang mit einer längeren Erkrankung

Wer eine schwere bzw. längere Erkrankung im Lebenslauf darstellen muss, steht vor einer Herausforderung. Wenn Personaler von einer Krankheit lesen, schrillen die Alarmglocken. Kein Arbeitgeber will riskieren, dass ihm aufgrund erneuter Krankschreibungen hohe Ausfallkosten entstehen. Dennoch sollten Sie unbedingt ehrlich bleiben, denn Lügen in der Bewerbung werden – wie auch im Leben sonst – oft zum Bumerang. Es gibt aber Möglichkeiten, mit der Wahrheit so umzugehen, dass Sie sich möglichst wenig schaden.

- Eine Krankheit, die nur zu einem einmaligen kurzen Ausfall geführt hat, müssen Sie nicht erwähnen. Anders sieht die Situation bei chronischen Erkrankungen aus. Wenn von vornherein klar ist, dass die Krankheit die Ausübung der angestrebten Tätigkeit jetzt und in Zukunft beeinträchtigen wird, haben Sie die Pflicht, potenzielle Arbeitgeber darüber zu informieren.

- Die Erwähnung einer einzelnen, in sich abgeschlossenen Krankheit, die zu einem längeren Ausfall geführt hat, schadet meist nicht. War deren Auslöser ein Unfall und sind Sie vollständig genesen, können Sie den Unfall ruhig nennen. z. B. »08/15 – 01/16 Unfallbedingte Erkrankung und Rehabilitation«.
- Komplizierter stellt sich die Situation bei psychischen Erkrankungen dar. Solche Krankheiten sind heikel, denn hier ist für den Arbeitgeber das Risiko von Wieder- und Folgeerkrankungen wenig überschaubar. Glücklicherweise sind Sie nicht verpflichtet, Details über Ihre Erkrankung zu erwähnen. Halten Sie es daher allgemein und schreiben Sie: »03/12 – 09/12 Krankheitsbedingte Auszeit und vollständige Genesung«.

Einen Muster-Lebenslauf zum Download finden Sie auf haufe.de/mybook nach Eingabe des Codes TGA-HL12 in der Rubrik »Recht & Geld«.

Das Anschreiben

Neben dem Lebenslauf hat auch das Anschreiben eine entscheidende Bedeutung, wenn es um den Erfolg Ihrer Bewerbung geht. Wenn bereits die ersten Sätze des Schreibens aus nichtssagenden Floskeln bestehen, wird der Rest nur noch überflogen und dann unter »Nicht interessant« eingeordnet. Sie können es besser machen, indem Sie ein kurzes und informatives Anschreiben verfassen und auf Worthülsen und eine langatmige Aufzählung Ihres Werdegangs verzichten.

Die Formalien

Das Anschreiben ist wie ein kaufmännischer Brief aufgebaut. Hier hat sich in den letzten Jahren vieles an den Standards geändert. Zum Beispiel wird heutzutage in der Betreffzeile die Abkürzung »Betr.« weggelassen. Die Datumszeile besteht aus Ort und Datum, z. B. »Hamburg, 26. Mai 2017« ohne das veraltete »den« dazwischen. Bringen Sie sich in puncto Formalien auf den neuesten Stand, um zu zeigen, dass Sie über diese Veränderungen informiert sind. Wenn Sie in den Internet-Suchmaschinen, wie z. B. Google, nach »DIN 5008« suchen, der DIN-Norm für korrekte Anschreiben, dann werden Sie schnell fündig.

Schreiben aus der Arbeitgeberperspektive

Das einzige, was den Arbeitgeber wirklich interessiert, ist die Beantwortung der Frage: Warum sind Sie die oder der Richtige für genau diese Stelle? Das Anschreiben ist der passende Ort, ihm diese Frage zu beantworten. Was Sie noch alles können oder gemacht haben, kann er auch Ihrem Lebenslauf entnehmen. Je besser Sie sich bei der Antwort in die Perspektive des Arbeitgebers versetzen können, desto erfolgreicher werden Sie mit Ihrer Bewerbung sein.

Erstellen Sie dazu am besten zunächst eine einfache Tabelle. Listen Sie in einer ersten Spalte die einzelnen Anforderungen an die vakante Position auf. In einer zweiten Spalte notieren Sie die Argumente, warum Sie genau diese Anforderungen erfüllen. Finden Sie dafür am besten praktische Beispiele aus Ihrer früheren Berufstätigkeit, die die jeweils geforderte Fähigkeit belegen. Zusätzlich können Sie auch einschlägige Erfahrungen aus Ihrem privaten Umfeld anführen, wenn diese nicht zu sehr dominieren.

Anforderungen für ausgeschriebene Stelle	Warum erfülle ich genau diese Anforderungen?

Im Anschreiben fassen Sie dann die wichtigsten drei bis fünf Argumente zusammen. Die Kunst besteht darin, sie möglichst knapp auf den Punkt zu bringen und dabei trotzdem klar und deutlich zu formulieren. Erliegen Sie keinesfalls der Versuchung, Standardfloskeln und Eigenlob aneinanderzureihen, mögen sich die Formulierungen auch noch so gut anhören. Hier schaltet der Leser automatisch ab.

Sie erhöhen deutlich Ihre Chance, zu einem Bewerbungsgespräch eingeladen zu werden, wenn Sie den richtigen Ton treffen und Themen ansprechen, die das Unternehmen gerade sehr beschäftigen und umtreiben. Hier lohnt es, sich die Website des Unternehmens und dessen Auftritt in den Social Media, wie z. B. Facebook, Twitter & Co. einmal genauer anzusehen.

Und die berufliche Pause?

Es ist nicht nötig, dass Sie im Anschreiben Ihre Auszeit erwähnen, es sei denn, dass Sie gerade während Ihrer Berufspause wichtige und relevante Kompetenzen für die ausgeschriebene Stelle erworben haben. Dann können Sie diesen Punkt in Ihre Argumentation einfließen lassen.

BEISPIEL

»Während meiner Familienphase war ich im Vorstand des Elternbeirats aktiv und habe Konflikte geschlichtet, Events organisiert und die Öffentlichkeitsarbeit unterstützt.«

Darüber hinaus sollten Sie das Thema Auszeit jedoch eher unauffällig behandeln. Rechtfertigen Sie sich niemals für vermeintliche Schwächen, sondern lenken Sie den Fokus immer auf das wirklich Entscheidende: Ihre fachliche Qualifikation für die Stelle und die Nachweise dazu.

Die Initiativbewerbung

Wenn Sie sich auf Jobs bewerben wollen, die nicht offiziell ausgeschrieben sind, ist noch mehr Vorbereitung und Denkarbeit erforderlich. Da Sie dann kein Inserat zur Verfügung haben, in dem der Wunscharbeitgeber mitteilt, welche Mitarbeiter er genau braucht, müssen Sie diese Infos auf andere Art und Weise in Erfahrung bringen. Das geht, indem Sie

- im Unternehmen anrufen und nachfragen,
- mit Insidern dieses Unternehmens oder ähnlicher Firmen sprechen,
- bei XING, LinkedIn und auf den Team-Seiten der Unternehmenswebsite nachsehen, wie Mitarbeiter dort ihre Tätigkeit benennen und umschreiben,

- ehemalige Stellenanzeigen dieses Unternehmens im Internet aufspüren oder sich Inserate von Konkurrenten der Firma ansehen.

Das Bewerbungsfoto

Auch wenn die meisten Personaler es nicht zugeben: Das Bewerbungsfoto spielt in Deutschland nach wie vor eine herausragende Rolle. In vielen Unternehmen wird es immer als Erstes angesehen, noch bevor ein einziges Wort im Anschreiben gelesen wurde. Auch wenn es viele Vorteile hätte, das Foto wie in anderen Ländern abzuschaffen, um eine größere Chancengleichheit herzustellen: Derzeit wird es hierzulande von den meisten Arbeitgebern schlichtweg noch erwartet. Bewerbungsfotos von einem professionellen Fotografen sind daher eine absolut sinnvolle Investition in Ihre Zukunft.

Der Weg zum guten Bewerbungsfoto	
1.	Lassen Sie sich wirklich gute Fotografen empfehlen und Arbeitsbeispiele von ihnen zeigen.
2.	Bereiten Sie den Termin gut vor, z. B. mit einem Friseurbesuch und einem neuen professionellen Outfit. Sie können mehrere Kleidungsvarianten zum Fototermin mitnehmen und ausprobieren, was am besten aussieht. Es schadet auch nicht, sich vor dem Termin gut auszuschlafen. Frauen sollten ein dezentes Make-up wählen.
3.	Lassen Sie nicht locker, bis bei dem Termin mehrere gute Bilder von Ihnen entstanden sind. Sie sollten professionell, wach und sympathisch zugleich wirken. Ein freundliches Lächeln ist von Vorteil.

Der Weg zum guten Bewerbungsfoto	
4.	Zeigen Sie die Fotos anderen Menschen. Nur wenn Ihre Freunde wirklich begeistert sind, ist ein Foto gut genug.
5.	Lassen Sie die Fotos gegebenenfalls nachbearbeiten.

Im besten Fall haben Sie am Ende eine kleine Auswahl richtig schöner Porträtbilder, die unterschiedliche Facetten von Ihnen zeigen.

> Bewerbungsunterlagen auf ein sehr gutes Niveau zu bringen, ist ein anspruchsvolles Unterfangen. Es dauert einige Zeit. Zahlreiche mittelmäßige Unterlagen sind im Umlauf, da viele Bewerber diese Notwendigkeit nicht erkennen oder sie an der Umsetzung scheitern. Darin liegt gleichzeitig Ihre Chance: Mit einer bis ins Detail professionellen und zielgenauen Bewerbung können Sie sich wohltuend von der Masse abheben. Dieses ist besonders wichtig für Sie als Berufsrückkehrer. Denn so werden Sie als »Profi« und damit als Teil der Arbeitswelt wahrgenommen.

Auf einen Blick: Auf dem Weg zum neuen Job

- Eine Auszeit ist für viele der Anlass, sich beruflich neu zu orientieren. Aber auch wenn feststeht, dass etwas Neues her muss, ist noch lange nicht klar, welcher Job der richtige ist.
- Je besser Sie sich und all Ihre Fähigkeiten, Talente und Vorlieben kennen(lernen), desto sicherer können Sie für sich entscheiden, wie es für Sie weitergeht.
- Kreativ zum Traumjob? Das gelingt, wenn Sie einen Blick über den klassischen Stellenmarkt hinaus wagen und sich z. B. initiativ bewerben oder für den neuen Job netzwerken.
- Personalprofis sehen sofort, ob Sie den Job unbedingt wollen oder nur halbherzig bei der Sache sind. Punkten Sie mit einem perfekten Lebenslauf und einem Anschreiben, in dem sich der Arbeitgeber wiederfindet.

Sicher durch das Bewerbungsgespräch

Sie sind zum Bewerberinterview eingeladen. Ihr Wiedereinstieg in einen neuen Job ist jetzt also nur noch einen Schritt entfernt. Um auch diese Hürde mit Bravour zu meistern, ist lediglich ein wenig Vorbereitung nötig.

In diesem Kapitel erfahren Sie u. a., wie Sie

- mit Ihrer Selbstpräsentation überzeugen,
- geschickt auf kritische Fragen antworten,
- einen optimalen Eindruck hinterlassen.

Die Einladung zum Gespräch ist da – und nun?

Herzlichen Glückwunsch! Ihre Bewerbung hat Interesse geweckt; man möchte Sie persönlich kennenlernen. Das bedeutet, dass Ihr fachliches Profil aus Sicht des Unternehmens grundsätzlich zu der Stelle passt, anderenfalls hätte man Sie nicht eingeladen. Verlassen Sie sich darauf: Auch Ihre Berufspause wurde zur Kenntnis genommen. Die Auszeit scheint also kein Thema zu sein. Jetzt geht es darum, als Person zu überzeugen. Der potenzielle Arbeitgeber möchte im Interview herausfinden, ob Sie ins Team passen und ob die Chemie stimmt.

Tipps zur effektiven Gesprächsvorbereitung

Natürlich lässt sich der Gesprächsverlauf nicht vorhersehen. Und trotzdem können Sie sich auf das Bewerberinterview gut vorbereiten und so mehr Sicherheit gewinnen. Das ist eine Chance, die viele nicht nutzen. Sie können sich einen Wettbewerbsvorteil verschaffen, wenn Sie die folgenden Punkte beachten.

- **Wissensvorsprung durch Recherche:** Finden Sie so viel wie möglich über das Unternehmen heraus. Lesen Sie nicht nur gründlich dessen Selbstdarstellung im Internet, sondern auch, was in der (Fach-)Presse in den letzten Jahren darüber geschrieben wurde.
- **Eine kurze Selbstpräsentation verfassen:** »Bitte erzählen Sie etwas von sich« – dieser Satz fällt in einem Bewerbungs-

gespräch mit fast hundertprozentiger Wahrscheinlichkeit. Wunderbar, denn diese Selbstpräsentation können Sie hervorragend vorbereiten! Es geht dabei nicht darum, Ihren Lebenslauf mit sämtlichen Stationen herunterzubeten. Erzählen Sie das von sich, was für die Stelle relevant ist. Auch hier kann Ihnen die Tabelle aus dem Kapitel »Die schriftliche Bewerbung« wertvolle Hilfe leisten.

- **Intelligente Fragen:** Spätestens gegen Ende des Gesprächs wird man wissen wollen, welche Fragen Sie Ihrerseits haben. Viele Bewerber können darauf nicht antworten oder sie stellen Fragen, die längst schon durch das Gespräch beantwortet wurden. Beides hinterlässt keinen besonders engagierten Eindruck. Überlegen Sie sich daher zwei bis drei Fragen, die sich nicht aufgrund Ihrer ausführlichen Recherche haben klären lassen. Das zeigt, dass Sie sich wirklich Gedanken über die zu besetzende Stelle und das Unternehmen gemacht haben. Es sollten gezielte Fragen sein, die sich auf Details zur Position beziehen, also auf die Aufgabenstellung, die Sie erwartet.
- **Üben, üben, üben!** Den meisten Menschen fällt es sehr schwer, positiv über sich selbst zu sprechen und die eigenen guten Leistungen zu betonen. Durch eine berufliche Auszeit verstärkt sich das noch. Es ist daher empfehlenswert, die Interview-Situation vor dem eigentlichen Gespräch zu üben. Stellen Sie sich vor, wie Ihnen Fragen – auch kritische – gestellt werden und wie Sie darauf antworten werden. Im Idealfall hilft Ihnen Ihre Partnerin oder ein Freund dabei mit

einem Rollenspiel, das die Situation simuliert. Sie werden feststellen, wie viel souveräner Sie sich fühlen, wenn Sie vorab trainieren.

- **Kleider machen Leute!** Suchen Sie sich ein Outfit, das zur Branche und zum Unternehmen passt und in dem Sie sich wirklich gut fühlen.

Schritt für Schritt zur Selbstpräsentation

Der folgende Leitfaden hilft Ihnen dabei, die Selbstpräsentation logisch zu gliedern. Sie können mit der Struktur ein wenig experimentieren, bis sich alles schlüssig und natürlich erzählen lässt. Länger als 5 bis 7 Minuten sollte die Präsentation nicht dauern.

1. Teil: Ich bin ...

Nennen Sie als Einstieg kurz und selbstbewusst Ihren Namen, Ihr Alter und Ihre aktuelle Berufsbezeichnung. Wurden diese Details bereits am Anfang des Interviews geklärt, können Sie sich stattdessen auch für die Einladung bedanken und kurz begründen, warum Sie sich besonders darüber freuen. Dadurch entsteht eine positive Gesprächsatmosphäre.

2. Teil: Ich kann ...

Kommen Sie nun zum Hauptteil Ihrer Selbstbeschreibung. Berichten Sie hier über Ihre wichtigsten beruflichen Stationen und verbinden Sie diese mit den dort erzielten Erfolgen. Welche Fähigkeiten haben Sie jeweils angewendet bzw. erlernt? Haben Sie dabei immer die Perspektive des jeweiligen Arbeitgebers im Blick. Picken Sie diejenigen Leistungen und Erfolge heraus, die für ihn interessant sind. Machen Sie daraus eine schlüssige, nachvollziehbare Geschichte Ihres Werdegangs. Wenn Sie bei Ihrer beruflichen Auszeit angekommen sind, beschreiben Sie, was Sie in dieser Zeit gelernt und an Erfahrungen hinzugewonnen haben. Halten Sie diesen Teil aber eher kurz. Der Fokus sollte immer auf Ihrer beruflichen Identität und Ihren fachlichen Qualifikationen liegen.

3. Teil: Ich will ...
Zuletzt kommen Sie auf Ihre aktuellen beruflichen Pläne zu sprechen. Wie es der Zufall will, passen diese punktgenau zu dem Unternehmen und der Stelle, auf die Sie sich bewerben. Machen Sie deutlich, warum die Stelle genau auf Sie zugeschnitten ist!

Guter Auftritt – gute Chancen

Die große Mehrheit aller Bewerber ist vor dem und während des Interviews aufgeregt und angespannt. Arbeitgeber sind daran gewöhnt und bewerten das nicht negativ.

Wenn Sie die folgenden Regeln zum Ablauf beachten, dann kann (fast) nichts mehr schiefgehen. Vielleicht nimmt Ihnen das ein klein wenig Ihrer Nervosität.

Der erste Eindruck zählt

Gehen Sie bei der Begrüßung freundlich auf die Anwesenden zu und denken Sie an einen festen Händedruck, eine aufrechte Körperhaltung und einen guten Blickkontakt. Es gibt Studien, die zeigen, dass die Entscheidung für oder gegen einen Bewerber oft bereits in den ersten Minuten getroffen wird. Beim ersten Eindruck spielen ein authentisches Auftreten und unsere Körpersprache eine überragende Rolle. Der sog. Halo-Effekt besagt, dass ein besonders sympathischer erster Eindruck danach alles Weitere überstrahlt. Gestalten Sie daher den Small Talk, mit dem jedes Bewerbungsgespräch beginnt, offen und positiv. Hier können Sie wertvolle Sympathiepunkte sammeln.

Der Gesprächsverlauf

Das wichtigste Ziel während des Jobinterviews: ruhig und gelassen bleiben, komme, was wolle! Werten Sie schwierige oder sogar provokante Fragen nicht als persönlichen Angriff. Dem Interviewer geht es allein darum, Ihre Souveränität und Ihre sozialen Fähigkeiten zu testen. Man möchte herausfinden, wie Sie auf Druck reagieren, um daraus Rückschlüsse auf Ihr Verhalten in stressigen Arbeitssituationen zu ziehen.

Bleiben Sie beim Geschäftlichen

Alle Menschen haben verschiedene Rollen und Kontexte, zwischen denen sie hin und her wechseln. Bei denjenigen, die eine Weile im Beruf ausgesetzt haben, tritt die berufliche Rolle manchmal allzu sehr in den Hintergrund.

BEISPIEL

Anja Neumann hat fast zehn Jahre beruflich ausgesetzt, um sich intensiv um ihre drei Kinder zu kümmern. Vorher hat sie als Physiotherapeutin gearbeitet. In diesen Beruf will sie nun wieder einsteigen. Nach etlichen Bewerbungen wird sie zum Vorstellungsgespräch in eine Praxis eingeladen. Das Praxisteam befragt sie zu ihrer Arbeitsweise und Methodik. Das Gespräch verläuft zunächst ziemlich schleppend. Anja muss sich erst wieder an die Begrifflichkeiten aus der medizinischen Welt erinnern. Erst, als das Gespräch auf ihre private Situation kommt, blüht Anja auf und erzählt voller Begeisterung von ihren Kindern. Obwohl sie nach dem Gespräch ein gutes Gefühl hat, weil alle sehr nett zu ihr waren, erhält sie wenig später eine Absage.

Plaudern Sie lieber nicht zu ausführlich über private Themen, selbst wenn Sie danach gefragt werden und eine angenehme und persönliche Atmosphäre herrscht. Im Mittelpunkt sollte die berufliche Aufgabe stehen. Steuern Sie das Gespräch aktiv so, dass intensiv über die Inhalte der Stelle geredet wird. Begründen Sie, warum und wie Sie die Herausforderungen, die die begehrte Stelle mit sich bringt, lösen können und wollen. Das gelingt am überzeugendsten, wenn Sie im Vorfeld Ihre fachlichen Kenntnisse aufgefrischt haben, z. B. durch Gespräche mit Ex-Kollegen oder durch die Lektüre von Fachzeitschriften.

Kopf hoch!

Gehen Sie in das Gespräch im Bewusstsein Ihrer Berufs- und Lebenserfahrung, Ihrer Kompetenzen und Erfolge. Lesen Sie sich Ihr Kompetenzprofil und Ihre Erfolgsliste vor dem Interview mehrmals durch. Und dann: Kopf hoch! Studien zeigen, dass unsere Körperhaltung einen starken Rückkoppelungseffekt hat auf unser Denken und Fühlen. Nehmen Sie daher während des gesamten Gesprächs eine entspannte und aufrechte Haltung ein. Sie werden dadurch nicht nur vertrauenswürdiger und selbstbewusster wirken, sondern sich selbst auch stärker fühlen.

Verknüpfen Sie Ihre Erfahrungen mit den gewünschten Fähigkeiten

Im Vorstellungsgespräch wollen die Interviewenden herausfinden, ob Sie in der Lage sind, die geforderten Aufgaben zu bewältigen. Nichts ist überzeugender, als konkrete Arbeitsbeispiele für jede beschriebene Aufgabe des Profils zu haben. Statt zu beteuern, dass »Sie sich eine Aufgabenstellung auf jeden Fall zutrauen«, beschreiben Sie, wie Sie ähnliche Probleme in der Vergangenheit erfolgreich gelöst haben. Sie können auch Beispiele aus dem privaten Kontext hinzuziehen, z. B. Ihr Organisationstalent bei großen Vereinsveranstaltungen. Im Vordergrund sollten jedoch immer berufliche Leistungen stehen.

Begeisterung steckt an

Ein weiterer wichtiger Erfolgsfaktor ist die echte Begeisterung des Bewerbers für den Job. Ihre fachliche Eignung ist bereits durch die schriftliche Bewerbung weitgehend geklärt. Jetzt gilt es, Ihre Motivation zu zeigen, den Job anzugehen. Je höher der potenzielle Arbeitgeber Ihre Motivation einschätzt, desto größer sind die Chancen, dass man sich für Sie entscheidet. Der Arbeitgeber möchte wissen, welcher Bewerber sich ganz mit einer Aufgabe und dem Unternehmen identifiziert. Daraus schließt er auf dessen zukünftige Leistungsbereitschaft. Machen Sie also deutlich, was Sie an der angestrebten Position begeistert.

Kritische Fragen – geschickte Antworten

Wer eine berufliche Auszeit hinter sich hat, muss bei einem Vorstellungsgespräch mit einer Reihe von Fragen rechnen, die es in sich haben. Der Arbeitgeber will damit ergründen, ob die Pause Auswirkungen auf Ihre künftige Arbeit haben wird. Da es sich dabei um sensible Punkte für den Arbeitgeber handelt, wird er Ihren Antworten auf diese Fragen sehr aufmerksam zuhören. Sie sollten sich also möglichst gut darauf vorbereiten. Die gängigsten Fragen an Berufsrückkehrer und mögliche Antworten darauf, lesen Sie im Folgenden.

Frage: Sind Sie überhaupt noch im Thema, nachdem Sie so lange ausgesetzt haben?

- Nicht empfehlenswert: »Na ja, es wird schon eine große Umstellung für mich. Aber ich bin bereit, alles zu lernen.«
- Bessere Antwort: »Ich war während meiner Auszeit sehr aktiv. Ich habe mich ehrenamtlich engagiert und dort Verantwortung für ... übernommen. Dabei habe ich viel gelernt, was ich jetzt auch in der ausgeschriebenen Position einsetzen kann. Außerdem habe ich Fachliteratur gelesen und mich zu den Themen ... weitergebildet.«

Frage: Kommen Sie nach so langer Pause überhaupt noch mit hoher Arbeitsbelastung zurecht?

Als Antwort möchte man von Ihnen konkrete Strategien zum Umgang mit Stress hören.

- Nicht empfehlenswert: »Damit komme ich schon klar«, oder: »Wenn es stressig wird, blühe ich erst richtig auf«. Die letzte Antwort ist nicht glaubwürdig, wenn es um Dauerstress geht. Außerdem wirft sie die Frage auf, wie motiviert Sie sind, wenn Sie nur ein normales Arbeitspensum zu bewältigen haben.
- Bessere Antwort: »Ich kenne stressige Phasen sowohl aus dem Job als auch aus meiner Berufspause. In solchen Situationen bewahre ich erfahrungsgemäß einen kühlen Kopf. Bei meiner letzten Arbeitsstelle habe ich in solchen Situationen erst einmal alle Aufgaben priorisiert. Dann ...«

Frage: Können Sie sich als Mutter mehrerer Kinder überhaupt für den Beruf motivieren?

- Nicht empfehlenswert: »Es wird sicher anstrengend, aber ich kann ja nicht ewig nur zu Hause sein.«
- Bessere Antwort: »Auf jeden Fall! Ich habe immer gerne gearbeitet und die Aussicht darauf, wieder in den Beruf einzusteigen, hat mich gerade in der Familienphase sehr motiviert.«

Frage: Wie ist die Betreuung für Ihre Kinder organisiert?

- Nicht empfehlenswert: »Darum kümmere ich mich, wenn ich einen Job habe. Das lässt sich schon irgendwie regeln.«
- Bessere Antwort: »Ich habe schon vor einiger Zeit ein zuverlässiges und flexibles Betreuungssystem organisiert. Mein ältestes Kind geht in die Ganztagsschule, das jüngere in eine

Kita. Zusätzlich habe ich ein gutes Netzwerk an befreundeten Eltern und Nachbarn.«

Frage: Welche Funktion hatten Sie genau in Ihrem Ehrenamt?

Mit dieser Nachfrage möchte Ihr potenzieller Arbeitgeber herausfinden, wie engagiert Sie in einer ehrenamtlichen Tätigkeit waren, und ob Sie ein Mensch sind, der bereit ist, Verantwortung zu übernehmen.

- Nicht empfehlenswert: »Ich habe alles gemacht, was eben so anfällt als Elternvertreterin.«
- Bessere Antwort: »Ich habe verschiedene Feste organisiert, das Kassenbuch des Elternbeirats geführt, die Interessen der Eltern vertreten und gelegentlich Konflikte geschlichtet.«

Frage: Wie denkt Ihr Partner über Ihren Wiedereinstieg?

- Nicht empfehlenswert: »Er ist nicht so begeistert, wird sich aber sicher daran gewöhnen.«
- Bessere Antwort: »Mein Mann unterstützt mich voll und ganz in meiner Entscheidung. Er weiß, was auf uns zukommt, und freut sich für mich.«

Frage: Was ist, wenn eines Ihrer Kinder mal krank wird?

Erwecken Sie immer den Eindruck, dass alles perfekt organisiert ist, sonst verringern Sie Ihre Chancen!

- Nicht empfehlenswert: »Krank ist krank, da kann man nun mal nichts machen.«
- Bessere Antwort: »Für diese Fälle habe ich meine Schwiegermutter / eine Nachbarin / eine Tagesmutter, die kurzfristig einspringen kann.«

Frage: Wie sorgen Sie für eine ausgewogene Work-Life-Balance?

Verdeutlichen Sie, dass Sie die vielen Anforderungen dank einer guten Organisation und Arbeitsteilung sowie vorausschauender Planung sehr gut im Griff haben. Betonen Sie, dass ein gutes Gleichgewicht zwischen Familie und Arbeit für Sie wichtig ist, damit Sie langfristig Ihre Leistungsfähigkeit erhalten können. Nennen Sie Beispiele, was Sie konkret dafür tun, z. B. »Mittwochs und samstags gehe ich immer joggen«.

Frage: Wie sieht Ihre private Lebensplanung im Moment aus?

Hier interessiert sich niemand für Ihre aktuellen Urlaubspläne, sondern man will damit herausfinden, ob Sie weitere Kinder planen. Diese Frage ist in einem Bewerbungsgespräch unzulässig. Und weil sie das ist, können Sie antworten, was Sie wollen. Lügen bleiben in solchen Fällen folgenlos.

- Nicht empfehlenswert: »Wir suchen gerade ein größeres Haus und wollen dann vielleicht noch mehr Kinder bekommen.«

- Bessere Antwort: »Unsere Familienplanung ist abgeschlossen. Für mich steht jetzt der Wiedereinstieg in den Beruf im Mittelpunkt; darauf freue ich mich sehr.«

Frage nach einer längeren Krankheit: »Wie geht es Ihnen, Herr Meyer?«

Mit dieser Frage will der Arbeitgeber nicht etwa freundlichen Small Talk betreiben, sondern herausfinden, wie es um Ihre Gesundheit steht.

- Nicht empfehlenswert: »Eigentlich ganz gut, manchmal zwickt der Rücken noch. Aber wenn Sie mich vor zwei Monaten gesehen hätten ...«
- Bessere Antwort: »Vielen Dank, mir geht es wieder sehr gut. Auch mein Arzt hat mir bescheinigt, dass ich wieder voll arbeitsfähig bin. Ich freue mich darauf, wieder in den Beruf einzusteigen.«

Frage: Hatten oder haben Sie eine psychische oder eine körperliche Krankheit?

Solche Fragen nach konkreten Erkrankungen sind in der Regel unzulässig, weil Sie Ihre Privatsphäre verletzen. Sie müssen nicht offenbaren, welche Krankheit Sie genau hatten. Sie dürfen lügen. Eine Ausnahme besteht, wenn der Arbeitgeber ein »berechtigtes Interesse« an einer wahrheitsgemäßen Antwort hat (siehe hierzu auch das Kapitel »Die schriftliche Bewerbung«).

BEISPIEL

Die wichtigste Aufgabe im neuen Job ist das Heben von schweren Lasten. Mit einem Rückenleiden könnte sie nicht durchgeführt werden.

Aber auch ohne so ein besonderes Interesse des Arbeitgebers sollten Sie mit solchen Fragen rechnen und sich vorher überlegen, wie Sie selbstbewusst und freundlich darauf antworten könnten.

- Nicht empfehlenswert: »Dazu sage ich nichts. Solche Fragen sind verboten!«
- Bessere Antwort: »Möchten Sie wissen, ob ich fit genug bin, die Aufgabenstellung zu erfüllen? Ja, es geht mir sehr gut. Auch mein Arzt ... «

Frage: Warum haben Sie so eine lange Pflegezeit genommen?

Hinter dieser Frage steht nicht etwa Interesse des Arbeitgebers an Details zur Krankheit Ihres Angehörigen. Er will damit herausfinden, ob Sie wieder voll einsatzfähig sind.

- Nicht empfehlenswert: »Das ging nicht anders. Mein Vater hatte einen schweren Schlaganfall und einer musste sich schließlich um ihn kümmern. Er ist jetzt halbseitig gelähmt.«
- Bessere Antwort: »Es war eine besondere Situation, die für einige Zeit meinen vollen Einsatz erfordert hat. Jetzt haben

wir alles anders geregelt und mein Vater wird vollumfänglich von Fachpersonal betreut. «

Frage: War die Pflege Ihrer Schwiegermutter nicht sehr anstrengend?

Die Frage klingt nach Mitgefühl, zielt aber sicherlich auch auf Ihre Verfassung und Motivation ab.

- Nicht empfehlenswert: »Es war eine harte Zeit. Ich bin froh, dass das endlich vorbei ist.«
- Bessere Antwort: »So eine Pflegezeit ist anspruchsvoll, aber wir konnten das gut organisieren. Jetzt freue ich mich, dass ich wieder in den Job zurückkann; das ist für mich wesentlich bereichernder.«

Positiv in Erinnerung bleiben

Es ist sehr leicht, nach einem Bewerbungsgespräch einen hervorragenden »letzten Eindruck« zu hinterlassen: Schicken Sie Ihren Gesprächspartnern ein bis zwei Tage nach dem Termin eine kurze Mail, in der Sie sich ausdrücklich für das Gespräch bedanken. Sie können dabei konkretisieren, was Ihnen besonders am Gespräch gefallen hat, z. B. die nette Atmosphäre. Außerdem ist das eine gute Gelegenheit, fehlende Informationen nachzuliefern oder einen Fachartikel zu einem der besprochenen Themen zu schicken. Auch können Sie erneut betonen, dass Sie nach wie vor sehr großes Interesse an der Stelle haben und warum. Mit einer solchen Mail zeigen Sie soziale Kompetenz, Professionalität und Ihre hohe Motivation.

Auf einen Blick: Sicher durch das Bewerbungsgespräch

- Ein Bewerberinterview verlangt Marketing in eigener Sache und Marketing muss vorbereitet werden, so z. B. mit einer ansprechenden Selbstpräsentation.
- Der erste Eindruck zählt. Dieses Prinzip gilt vor allem auch beim Bewerbungsgespräch. Einen guten ersten Eindruck zu hinterlassen, ist mit ein wenig Übung gar nicht so schwer.
- Personaler stürzen sich gerne auf die Lücke im Lebenslauf und stellen mehr oder minder unangenehme Fragen. Je besser Sie sich auf solche Fragen vorbereiten, desto souveräner können Sie sie beantworten.

Stichwortverzeichnis

Impressum

Bibliografische Information der Deutschen Nationalbibliothek
Die Deutsche Nationalbibliothek verzeichnet diese Publikation in der Deutschen Nationalbibliografie; detaillierte bibliografische Daten sind im Internet über http://dnb.dnb.de abrufbar.

Print: ISBN: 978-3-648-09423-5 Bestell-Nr.: 10731-0001
ePub: ISBN: 978-3-648-09424-2 Bestell-Nr.: 10731-0100
ePDF: ISBN: 978-3-648-09425-9 Bestell-Nr.: 10731-0150

Jutta Schwarz
Wiedereinstieg in den Beruf
1. Auflage 2017, Freiburg

Redaktionsanschrift: Fraunhoferstraße 5, 82152 Planegg/München
Telefon: (089) 895 17-0
Telefax: (089) 895 17-290
Internet: www.haufe.de
E-Mail: online@haufe.de
Redaktion: Jürgen Fischer

Konzeption, Realisation und Lektorat: Nicole Jähnichen, www.textundwerk.de
Satz und Druck: Beltz Bad Langensalza GmbH, Bad Langensalza
Umschlag: Kienle gestaltet, Stuttgart

Die Autorin

Jutta Schwarz

unterstützt seit vielen Jahren als systemischer Coach und Karriereberaterin Menschen auf dem Weg zu ihrer beruflichen Neuorientierung. Die ehemalige Personalleiterin und Volljuristin entwickelt dazu gemeinsam mit ihren Klienten abgestimmt auf deren Lebenssituation umsichtige und vor allem praktikable Lösungen. Jutta Schwarz leitet Karriere-Workshops an Universitäten. Sie lebt mit ihrem Mann und zwei Kindern in Hamburg.

Weitere Literatur